U0247527

實用寶玉石鑒定

白洪生　陈学明　著

图书在版编目(CIP)数据

实用宝玉石鉴定／白洪生，陈学明著. —上海：
上海古籍出版社，2017.1
ISBN 978-7-5325-8318-8

Ⅰ.①实… Ⅱ.①白… ②陈… Ⅲ.①宝石—鉴定②
玉石—鉴定 Ⅳ.①TS933

中国版本图书馆 CIP 数据核字(2016)第 298818 号

实用宝玉石鉴定

白洪生　陈学明　著

上海世纪出版股份有限公司
上　海　古　籍　出　版　社 出版
（上海瑞金二路 272 号　邮政编码 200020）
(1)网址:www.guji.com.cn
(2)E-mail:guji1@guji.com.cn
(3)易文网网址:www.ewen.co
上海世纪出版股份有限公司发行中心发行经销
丽佳制版印刷有限公司印刷
开本 787×1092　1/16　印张 13.25　插页 4　字数 200,000
2017 年 1 月第 1 版　2017 年 1 月第 1 次印刷
印数：1—2,300
ISBN 978-7-5325-8318-8
G·646　定价：128.00 元
如有质量问题,请与承印公司联系

前　言

PREFACE

过去，珠宝是王公贵族的专属；而今，珠宝玉石已不仅仅是权贵的象征，她早已悄然走入平常百姓家，成为投资、收藏、美化生活和陶冶情操的新宠。然而，在这物欲横流的年代，市场上以假乱真、以次充好的现象时有发生，假专家、假证书和假冒权威检测机构的假官网也屡见不鲜。这就要求我们的宝玉石爱好者要有足够的识别能力，才能不上当或少上当。本书的宗旨就是为广大宝玉石爱好者提高识别能力提供一条通道，力求把深奥的宝石专业知识和鉴定方法具体化、形象化、通俗化，使不具备地质矿物学基础知识的人也能看得懂、学得会。

“实用鉴定”的重音在于“实用”二字。“实用鉴定”是相对于专业鉴定而言的。专业鉴定必须具备一定的场所和必要的实验室专用仪器和设备。通常所说的“简易鉴定”，确切地说，应该称之为“实验室简易鉴定”。因为这种“简易鉴定”都是在实验室或固定的检测场所内进行的。

本书所称的实用鉴定，事实上也是一种简易鉴定，但有别于实验室的“简易鉴定”，它没有固定的检测场所，更没有专业仪器设备，它是一种在商业活动过程中随即进行的简易鉴定，是用肉眼和便携式工器具对常见宝玉石的名称和质量作出判断的简易鉴定。为了区别通常所说的“简易鉴定”，我们把这种在特殊条件下进行的、目的是为保护自己利益的简易鉴定称之为“实用鉴定”。

从某种意义上讲，实用鉴定是一种自我保护能力，也是一种专业能力，因为它是依据专业鉴定的基本原理，抓住宝石之间关键性的异同点进行综合分析得出的判别结论。尽管得不到诸如折光率、双折率等物理参数的准确数据，但这种判别是有科学依据的，在一般情况下结论是可靠的。由于实用鉴定过程是一个逻辑思维推理过程，鉴定结果是一种判别结论，所以实用鉴定方法只能为己所用，不能为他人出具鉴定证书。这就是所谓“实用”的含义。

我们在2000年1月曾经出版过一本《实用宝石鉴定》，问世至今已经过了16年，在此期间，珠宝业有了很大的发展：一些在当时还属于比较少见的宝石，如今已成为市场上常见的宝石；一些在当时行之有效的辨伪方法，如今已没有那么可靠；一些当时还处于研究实验阶段的人工合成宝石，如今已大量进入市场；一些在当时并不看好的宝玉石，如今已成为人们的新宠……显然，这本书已不能适应珠宝玉石业当前的发展形势。为了对读者负责，有必要对老书作大刀阔斧的修改和补充。由于修改补充的内容较多，特别是新增了不少宝玉石品种的介绍，所以采用原书名再版就显得有些勉强，故采用《实用宝玉石鉴定》这个与老书既相似又有扩展的不同书名作为新版书的书名。

新书的第一章“宝玉石的基础知识”和第二章“实用鉴定常用工器具”基本延用了老书的内容，只是增加了在室外条件下如何快速测定宝石密度的方法。第三章“常见宝玉石的实用鉴定”在老书中只有19节，新书增至34节。不仅对原有宝玉石品种的内容进行了补充、修改和资料更新，而且还新增了14种常见宝玉石的介绍，在最后还特意增加了“贵金属常识”一节。因为掌握一些贵金属常识对于珠宝爱好者是十分有益的。需要说明的是，有机宝石只介绍了珍珠和琥珀两种，没有介绍与被列为保护动物有关的象牙、玳瑁、虎牙、砗磲和珊瑚等有机宝石，因为我不想间接地参与伤害濒临灭绝的动物的活动。另外，新书自始至终回避了宝石市场价格的具体数字，因为，书中只能反映作者写作当时的市场价格，当书出版时这些数字已经成为过去，当朋友们看到这本书时，这些数字早已没有参照意义。庆幸的是，现在是网络时代，只要鼠标一点即可看到任意一种宝石的最新市场价格。

最后还必须告诉读这本书的朋友：实用鉴定是宝玉石爱好者需要具备的一种专业素质，是一种自我保护能力。实用鉴定方法不是万能的，在某些情况下，实用鉴定方法是苍白无力的，例如，面对CVD人工合成钻石，面对经过体扩散的红、蓝宝石等高科技产品，专业检测机构的常规鉴定也是无能为力的，更何况实用鉴定！

希望本书能成为宝玉石商贸人员和宝玉石爱好者的忠实朋友和得力助手。

白洪生

2016年于中国北京

目 录

INDEX

第一章
宝玉石的基础知识

Chapter1　Basic knowledge of gems and jades

第一节　基本概念

PART1　　Basic concept

一

矿物和岩石

地质学家把在天然条件下生成的单质和化合物称为矿物，它具有相对固定的化学组成和内部结构，稳定于一定的物理化学条件范围内；来自地球以外其他天体的天然单质和化合物称为宇宙矿物；由人工合成的、与某种矿物的化学组成和内部结构类同的单质和化合物称为合成矿物。

天然矿物的集合体称为岩石，由一种矿物或几乎由一种矿物组成的岩石称为单矿岩；主要由两种以上（含两种）矿物组成的岩石称为复矿岩。

通常人们把矿物和岩石统称为"石头"，也就是说，俗称的"石头"既包括了矿物，也包括了岩石。

图1S-01 水晶晶簇

图1S-02 碧玺矿物晶体

二

宝石的概念

以传统观念而言，宝石是指那些美丽、稀少、耐久的矿物、岩石和有机材料。而今，宝石是珠宝玉石的简称，泛指一切经加工可成为首饰和工艺品的材料，是对天然宝玉石和人工宝玉石的统称。

图1S-03 绿色萤石矿物晶体

宝石概念的拓宽是社会发展和人们对珠宝玉石的需求日益增长的必然结果。搞收藏的人对传统的宝石概念仍然情有独钟。看重宝石装饰作用的人更能接受广义的宝石概念。

三　宝石矿物和宝石

目前已发现的矿物有三千余种，其中有宝石产出的矿物有百余种，但常见的宝石矿物仅有二十余种。

宝石通常是由宝石矿物或集合体加工而成，但这并不表明宝石矿物就是宝石，也不能说明同一类宝石矿物只能形成一种宝石。

所谓宝石矿物就是指那些可以形成宝石的矿物种类。例如钻石的矿物名称是金刚石，但金刚石并不一定都是钻石，只有那些达到宝石级的金刚石才能称为钻石，达不到宝石级的金刚石只能称为金刚石。在这里金刚石就是宝石矿物，而钻石只是金刚石的一个达到宝石级的特殊变种。

同一类矿物的宝石级变种不一定只有一种，可能有多种，例如红宝石和蓝宝石的矿物名称都是刚玉，化学表达式均为Al2O3，晶体结构均为三方晶系，折光率、色散度、双折射率、密度、硬度等物理性质也相同，只是由于所含致色离子不同而显现不同的颜色，成为两种宝石，正因为这两种宝石同属一类宝石矿物，所以宝石界常把红宝石和蓝宝石称为“姐妹宝石”。又例如海蓝宝石、摩根石和祖母绿的矿物名称都是绿柱石，也就是说这三种宝石都具有绿柱石的化学成分、晶体结构和主要物理性质，只是因颜色不同而被称为三种宝石。

玉石也是如此，例如各种玛瑙和各种玉髓（澳玉、蓝玉髓、黄龙玉等），都是以微晶质或隐晶质石英为主的矿物集合体，只因岩石结构不同或颜色不同而被称为不同的玉。

图1S-04 红宝石矿物晶体

图1S-05 磷灰石矿物晶体（蓝绿色）

前述表明：

1. 宝石矿物不一定都是宝石，只有其中的特殊变种才能成为宝石；
2. 同一类宝石矿物可以有多个变种，派生出多种宝石。

四 常见宝、玉石

常见无机宝石有：

钻石	（宝石矿物为金刚石，下同）				
红宝石	（刚玉）	蓝宝石	（刚玉）	金绿猫眼	（金绿宝石）
变石	（金绿宝石）	祖母绿	（绿柱石）	海蓝宝石	（绿柱石）
摩根石	（绿柱石）	碧玺	（电气石）	托帕石	（黄玉）
橄榄石	（橄榄石）	紫牙乌	（石榴石）	沙弗莱	（石榴石）
水晶	（石英）	紫晶	（石英）	茶晶	（石英）
发晶	（石英）	芙蓉石	（蔷薇水晶）	月光石	（长石）
尖晶石	（尖晶石）	铬透辉石	（透辉石）		
翡翠	（以硬玉为主的矿物集合体，下同）				
和田玉	（透闪石 阳起石）	岫玉	（蛇纹石）	独山玉	（黝帘石化斜长岩）
玛瑙	（石英）	澳玉	（石英）	东陵玉	（石英 铬云母）
青金石	（青金石）	欧泊	（非晶质二氧化硅）		
绿松石	（绿松石）	鸡血石	（叶腊石 辰砂）		
青田石	（叶腊石）	寿山石	（叶腊石）	巴林石	（叶腊石 伊利石）

常见有机宝石主要为珍珠，其次为琥珀和珊瑚等。

图1S-06 铁铝榴石矿物晶体

图1S-07 绿碧玺（绿电气石）矿物晶体

第二节　实用鉴定涉及的宝石性质

PART2　　RGEMSTONES CHARACTER IN PRACTICAL APPRAISAL

一　颜色

宝石的颜色是宝石对组成自然光的红、橙、黄、绿、青、蓝、紫七色光选择性吸收的结果，也是识别和评价宝石最直观、最明显的特征。观察颜色时，首先要识别颜色的种类。

本书根据宝石颜色中人工因素的多少把宝石颜色分为三大类：

1. 天然色

天然色即天然生成的颜色。在宝石的颜色中没有任何人工因素，在宝石加工过程中只发生使形状和磨光程度发生改变的机械作用，没有任何其他物理和化学作用的发生。无论是哪种致色机理造成的颜色，只要是天然条件下形成的，都是天然色。例如翡翠A货、橄榄石、铁铝榴石、镁铝榴石、尖晶石、未经热处理的红宝石和蓝宝石等呈现的颜色都是天然色。

图1S-08 绿水晶晶簇

2. 改善色

人工模拟天然过程对天然宝石用物理方法进行处理得到的颜色称为改善色。处理方法主要是热处理和辐照处理，或者是二者综合处理。这种处理过程没有组分的带出和带入，处理后宝石物理化学性质稳定。例如，斯里兰卡乳白色刚玉经热处理成为鲜艳的蓝色；山东、泰国和澳大利亚一些深色蓝宝石经热处理变为鲜艳的蓝色；带紫色调红宝石经热处理成为鲜艳的红色；无色黄玉经辐照和热综合处理变为蓝色；无色水晶经辐照处理成为烟色；黄水晶经辐照处理可变为紫色等等。目前市场上销售的各类宝石有相当一部分的颜色是经过改善的。因为这种改善是模拟天然宝石致色过程进行的，致色机理与天然色相同，所以，价值与天然宝石相仿，其中有些改善宝石可以直接作为天然品销售，例如红宝石、蓝宝石等。但有些改善品应该声明，例如蓝黄玉，目前市场上改色蓝黄玉的品种繁多，有些色调柔和，与天然品类似，有些颜色发呆发怯，若以天然品出售，显然不合适。又例如茶晶，常用来制造水晶眼镜片，天然茶晶是在漫长的地质时期由小剂量的辐照造成的，因此颜色柔和、细腻，用天然茶晶制作的眼镜片，视物极为清晰。人工辐照处理制造的眼镜片在光线比较强时，视物的清晰程度与天然品相比看不出差别，但如果光线不够强时，改善品视物略有模糊之感。二者在价格上有明显差别，出售时应予以说明，称这种产品为“改色茶晶”，或“水晶是天然的，颜色是改善的”。

对天然宝石颜色的改善是对天然色缺陷的弥补，是对天然品价值的提高，不能视为作假。

图1S-09 海蓝宝石矿物晶体

3. 处理色

凡是使宝石成分有带出或带入方法处理造成的颜色统称为处理色，包括染色、酸洗、镀膜、注入、扩散等方法，这些方法处理过的宝石应在其名称前冠以处理方法。例如染色红宝石、染色翡翠（翡翠C货）、酸洗或脱黄翡翠（翡翠B货）、镀膜翡翠、染色绿玉髓、扩散蓝宝石等。

在观察颜色时，除了要识别颜色的类别外，还要注意颜色的纯正程度、饱和度、鲜艳程度、明亮程度、均匀程度和分布规律，这些特征都是鉴别和评价宝石的重要依据。

二 光泽

光泽是指宝石表面的反光能力，主要类型有：

1. 金刚光泽，以钻石为代表。
2. 玻璃光泽，以水晶、红宝石为代表。
3. 珍珠光泽，以珍珠为代表。
4. 树脂光泽，以塑料和琥珀为代表。
5. 蜡状光泽，以绿松石为代表。

对典型的光泽类型必须非常熟悉，光泽是实用鉴定的重要依据，有时甚至是关键性鉴别特征。例如有人用充填树脂的翡翠B货假冒A货，但如果能准确地判别出它的弱树脂光泽，就可以肯定它不是A货。

图1S-10 橄榄石矿物晶体

图1S-11 粉红色绿柱石（摩根石）矿物晶体

三 透明度

宝石透过可见光的程度称为透明度，一般分为四等：

1. 透明，透过宝石可清楚地看到对面物体，如：优质水晶等。
2. 半透明，能透光，也能看到对面物体，但轮廓不清晰。
3. 微透明，能少量透光。
4. 不透明，光线完全不能透过。

宝石的透明度对于宝石检测定名的意义不太大，但在宝石质量评价中有重要作用。无论是宝石还是玉石，透明度越高质量越好。

四 折光率及其判定

光的折射是指光在光密度不同的两种介质交界面上光的传播方向发生改变的现象。两种介质光密度差别越大，光在两种介质中的传播速度差别就越大，光的传播方向也就改变越大。折光率就是定量描述这种现象的一个光学物理参数。其定义是：光在空气中的传播速度和在宝石中的传播速度之比称为这种宝石的折光率。其数值等于光入射角γ（入射光线与宝石界面法线的夹角）正弦与折射角β（折射光线与宝石界面法线的夹角）正弦之比（图1-01）。

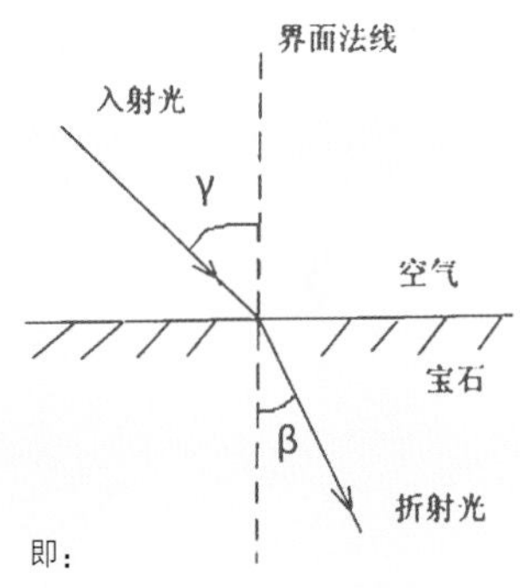

即：

$$N = \sin\gamma \ / \sin\beta$$

其中 N — 宝石折光率

γ — 入射角
β — 折射角

图1-01 光的折射

对于每种宝石来说，折光率是个固定的数值或在这一数值上下略有变化，是宝石极为重要的鉴定依据。

图1S-12 红纹石（菱锰矿）晶体

折光率的准确测定必须使用专门仪器或方法，例如折射仪、反射仪或油浸法等。当外出进行商务活动远离实验室，手边没有专用仪器时，对于透明刻面宝石可用下列方法大致判定其折光率。

1. 看字法

用镊子夹住宝石腰棱，使之台面朝上平行桌面，底尖（或棱）立在桌面上，将有字的白纸置于宝石之下的桌面上，透过宝石台面看字，根据字的清晰程度判定折光率的高低。折光率越小字迹越清楚。例如，水晶折光率1.54-1.55，其台面下字迹清晰，无色刚玉折光率1.76-1.77，其台面下字迹残缺不全，但大致可辨；立方氧化锆折光率2.15，只能判断其下有字，但字形难辨。钻石折光率2.42，看不到任何笔迹。

图1S-13 红色石榴石晶体

2. 影像法

找一个没有其他光源干扰的点光源，或手持便携式聚光电筒举至距眼睛0.5米以外作为点光源。另一只手用镊子卡住宝石腰棱举至眼前。并使宝石台面尽量靠近眼睛，但不要使台面与眼睛接触。透过台面观察点光源在宝石各主亭刻面的影像，根据看到的影像多少以及影像构成的环型大小大致确定宝石折光率的范围。总的规律是，能看到的影像越少，影像构成的环型越大，宝石的折光率就越大。以切工优良的标准圆琢形（腰围截面为圆形，腰围之上称冠部，有台面1个，冠部主刻面8个，星刻面8个和上腰小面16个。腰围之下称亭部，包括亭部主刻面8个，下腰小面16个和底面1个，共58个面，无底面时为57个面）为例，当宝石折光率<1.70时，能同时看到5-8个主亭刻面影像，这些影像构成的圆环称之为小环型。折光率为1.70-1.85时，能看到3-4个影像，称为中环型。折光率为1.85-2.35时，最多只能观察到1-2个影像，称为大环型。折光率>2.35时没有影像。根据这一规律，我们就可以根据观察到的主亭刻面影像数（或环型）判定宝石折光率的范围。

上述判定环型的影像数量是以标准圆琢形为前提的，即台面为圆形，下面只有8个亭刻面成像，事实上，我们常见的琢形还有椭圆

图1S-14 红宝石矿物晶体

形、水滴形、心形、方形、长方形、马眼形、树叶形等等。近年来，为了充分显露宝石的魅力，宝石切磨技师们创造了很多新的琢形，例如：千禧工、棋盘工等，这些琢形的亭部刻面远远超过8个，这时就不能简单地根据影像数量机械对比判定环型，而应根据影像分布范围占据整个台面轮廓范围的比例来判定环型：只在台面轮廓的20%的范围内能看到影像就是大环型；在少于台面轮廓的50%而大于20%的范围内都有影像分布的就是中环型；在台面轮廓的50%以上的范围内如果同时有影像出现，那就是小环型。

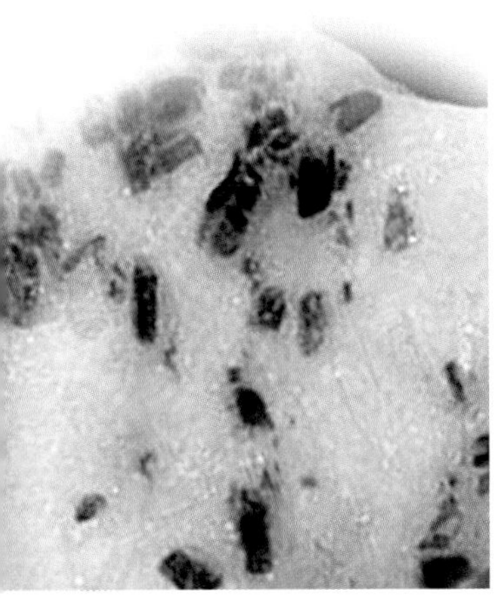
图1S-15 铬透辉石晶体（绿色）

运用影像法判定透明刻面宝石折光率时需注意下列两点。

1.此法仅适用于透明刻面宝石，透明度越高，效果越好。素面（弧面）宝石不适用。
2.影像数量是指透过台面观察到的覆于台面轮廓之下的主亭刻面成像的最大值。观察时，要反复调整点光源、宝石和眼睛的相对位置，使之观察到的影像最多。

在某些情况下，用影像法判定折光率对鉴别折光率差别较大的相似宝石非常有效。例如，黄水晶与黄色蓝宝石，根据颜色、透明度和光泽很难将二者区分，但只要用镊子卡住宝石腰棱举至眼前，对着点光源一看，便可非常准确地将二者分开。因为水晶的折光率只有1.54-1.55，表现为小环型。黄色蓝宝石折光率为1.76-1.77，表现为中环型。两者差别很明显。因此，尽管用影像法不能准确测定宝石折光率的具体数据，但用影像法区分二者非常有效。因此，熟悉常见透明宝石的折光率，是应用影像法判定折光率、进而鉴别宝石的前提。因为，只有这样才能在看到某种影像时在脑海中迅速检索出能够出现这种影像特征的宝石种类和它们的折光率，然后再根据其他特征进一步鉴别。

图1S-16 孔雀石

五 均质体、非均质体、单折射、双折射和重折率

根据光在宝石中的传播特征可把宝石分为光性均质体和光性非均质体两类。在各个方向上光学性质相同者称为光性均质体，简称均质

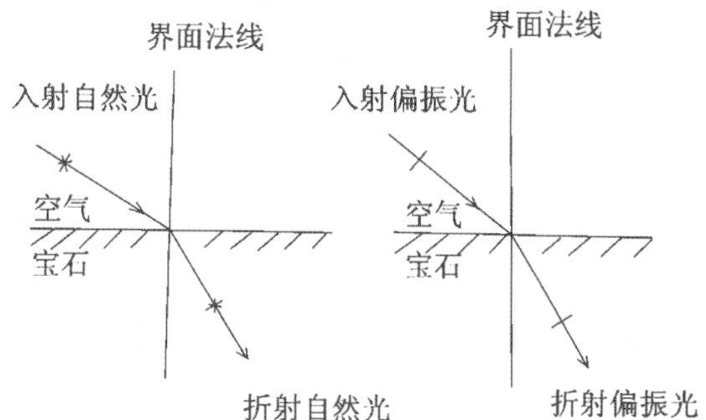

图1-02 光在均质体中的传播特征

体。在不同方向上光学性质有所不同者称为光性非均质体，简称非均质体。

光在均质体中的传播特征是：光从任何方向射入，光的振动特点都不发生变化，即：入射光为全方位振动的自然光时，折射光仍为全方位振动的自然光；入射光为单方向振动的偏振光时，折射光和入射光一样，仍为同向振动的偏振光（图1-02）。

光射入均质体后，无论是自然光，还是偏振光，其折光率大小相同，即均质体只有一个折光率，称为单折射宝石。结晶学中的等轴晶系矿物和非结晶物质都是均质体。常见单折射天然宝石主要有：钻石、各种石榴石、各种尖晶石、萤石、青金石等。常见人工合成单折射宝石主要有：钇铝榴石、钆镓榴石、钛酸锶、立方氧化锆、合成尖晶石等。单折射仿冒品主要是各种玻璃。

光在非均质体中的传播特征是：光射入非均质体宝石后分解为振动方向相互垂直而折光率不同的两种偏光，这种现象称为双折射（图1-03）。很明显，非均质体的折光率大小随光波的振动方向不同而有变化，每一个振动方向都有其对应的折光率值。必须指出，任何一个非均质体宝石都可以找到一个或两个方向在光入射后振动特征不发生改变，这个方向称为光轴。有一个光轴的称为一轴晶，有两个光轴的称为二轴晶。结晶学中除等轴晶系以外的其他六大晶系——四方晶系、六方晶系、三方晶系、斜方晶系、单斜晶系和三斜晶系都是非均质体，前三者为一轴晶，后三者为二轴晶。常见宝玉石中大部分是非均质体，例如：红宝石、蓝宝石、祖母绿、海蓝宝石、金绿宝石（金绿猫眼和变石）、锆石、黄玉、橄榄石、水晶、月光石、硬玉、软玉等。双折射是非均质体宝石的固有特征，是区别于均质体宝石的最关键的特征。例如，红宝石和红色尖晶石在外观上很相似，但根据单折射和双折射很容易将二者分开。

任何非均质体都有双折射现象，在每一个方向上都有其对应的折光率，光学物理把在晶体各个方向上测得的折光率取最大值与最小值之差定为双折射率，又称重折率，用来表示晶体双折射能力的大小。双折射率（重折率）是鉴别不同非均质体宝石的重要依据。

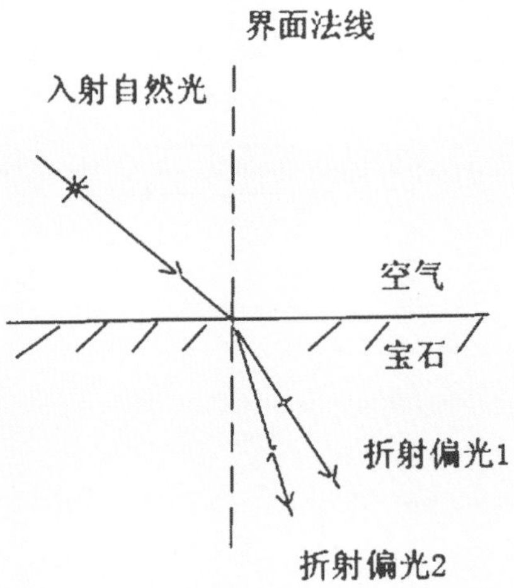

界面法线

入射自然光

空气

宝石

折射偏光1

折射偏光2

图1S-17 锰铝榴石矿物晶体

图1-03 光在非均质体中的传播特征

六　色散

白光是由红、橙、黄、绿、青、蓝、紫七色光构成的。不同色光在同一种宝石中的传播速度有所不同，导致同种宝石对不同色光的折光率也有差异。当白光斜射入宝石时，七色光会因各自的折射角不同而发生分离，这种把白光分解为七色光的现象称为色散（图1-04）。

所有的宝石均可产生色散，但强度不同，通常用430.8nm波长的蓝色光与686.7nm波长的红色光分别测得同种宝石的折光率之差来表示色散的强弱程度，称为色散度，简称色散。

色散是宝石极为宝贵的光学性质，也是某些宝石重要的鉴定特征。

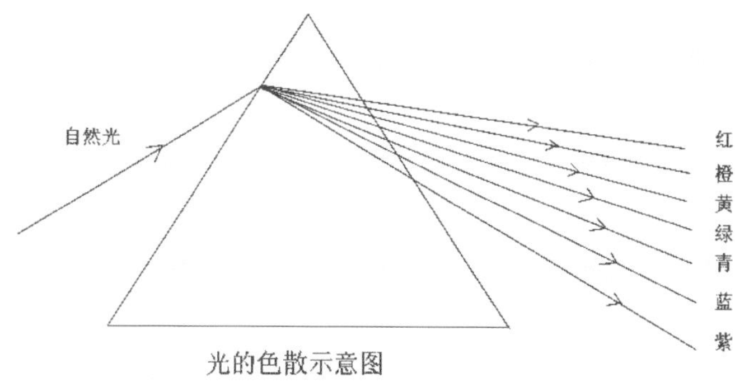

图1-04 光的色散示意图

图1S-18 祖母绿矿物晶体

七 色散、单折射、双折射的观察及重折率、色散度的判定

1. 色散的观察及色散度的判定

色散明显的宝石（例如钻石、立方氧化锆、莫桑石等）用肉眼可直接观察到色散造成的彩光。色散弱的宝石，肉眼难以觉察其色散效果。但如果用影像法就可以觉察色散度很小的宝石的色散现象。

关于影像法的操作方法在“折光率及其判定”中已作过介绍，即用镊子或宝石抓将宝石卡住举到眼前，并使台面尽量靠近眼睛，透过台面观察单一点光源在主亭刻面的影像特征。这里所说的影像事实上并不是点光源的图像缩影，而是由七色光构成的彩虹，这就是色散造成的结果。仔细观察可以发现，彩虹宽度与宝石的色散度有关，色散度大，彩虹宽度也大，色散度小，彩虹宽度也小。统计表明，彩虹宽度（毫米）大致相当于宝石色散度×100。据此可以根据彩虹宽度近似判定宝石色散度，取“色散”的英文单词“Dispersion”的第一个字母“D”来表示彩虹宽度（毫米），有如下规律：当D>3毫米时为色散明显的宝石，色散度一般高于0.03；当D<2毫米时为色散不明显宝石，其色散度一般低于0.02；当D界于2-3毫米之间时为中等色散宝石，色散度一般在0.02-0.03之间。

用影像法观察色散时需注意下

列三点：

图1S-19 红色尖晶石矿物晶体

1.观察对象是影像的单体特征，而不是影像的总体组合特征。因此，观察时可不局限于台面方向，特别是对于那些折光率较高的宝石，从台面方向观察影像比较困难时，可从其他多个方向观察。

2.观察时要注意使影像尽量清晰，尽量不要使影像有虚边，否则会夸大色散度。

3.由于“D”是近似值，不能以此为依据鉴别色散度接近的宝石。

2. 单折射、双折射的观察和重折率的判定

在实用鉴定中判定单折射、双折射（即判定均质体和非均质体）的常用方法有两个：

图1S-20 重晶石矿物晶体

（1）影像法

此法适用于透明刻面宝石。操作方法同用影像法观察色散一样。观察对象是单个影像特征，而不是各主亭刻面影像的组合特征。

图1S-21 硫黄矿物晶体

根据单折射、双折射的光学原理，很显然有如下规律：单折射宝石（均质体）在单个亭刻面上的影像为单彩虹，出现红、橙、黄、绿、青、蓝、紫七色光构成的连续彩虹；双折射宝石（非均质体）在单个主亭刻面上的影像为双彩虹，即出现两个由红、橙、黄、绿、青、蓝、紫七色光构成的连续彩虹。双折射率越大，两彩虹的距离就越大。取双折射率的英文单词“Birefringence”的第一个字母“B”来表示两彩虹之间的距离（两彩虹红光之间或紫光之间的距离）。据统计，B（毫米）大致相当于宝石重折率×100。

对于双折射宝石，在单个

主亭刻面上出现的影像事实上是“B”和“D”综合作用的结果。当B>D时，两个彩虹不重叠，其间隔（第一个彩虹的紫色光与第二个彩虹的红色光之间的距离）大致相当于B–D。例如，橄榄石的重折率是0.038，色散度是0.020，按照前述的规定，B=3.8，D=2.0，B–D=1.8。影像法观察可以看到在橄榄石单个主亭刻面上有两个独立存在的连续彩虹，两彩虹的间隔约为1.8mm。电气石（碧玺）的重折率为0.018，色散度为0.017，于是有B=1.8，D=1.7，B–D=0.1。在电气石单个主亭刻面上可以看到两个独立存在的连续彩虹，但其间隔很小。

图1S–22 黄色萤石晶体

当宝石的重折率小于色散度时，即当B<D时，两个彩虹会有不同程度的重叠。据统计，两彩虹的重叠量大致相当于（B–D）的绝对值。我们看到的是两个彩虹重叠后的综合彩色光谱，总宽度大致与B＋D相当。仔细观察可以看出这个综合彩色光谱是由三部分构成的，其中一端是第一个彩虹的头色（红色或更多），另一端为第二个彩虹的尾色（紫色或更多），中间为两个彩虹剩余色的合色。当紫和黄绿、红和绿、橙和蓝、黄和青这四对互补色中任意一对相遇时，就会在相应位置出现白色。如果是有色宝石，就像是透过宝石本色的纱巾看白色石膏像一样，能确切觉察到纱巾后面是白色。由于两个彩虹的局部重叠，造成七色光彩虹不连续，这就是B<D的非均质宝石双折射的影像特征。

综上所述可以得出如下结论：单折射宝石为单彩虹，彩虹宽度体现了色散度的高低。双折射宝石为双彩虹。当B≥D时，两个彩虹不重叠，各自独立存在，两个彩虹的间隔大致与B–D相当；当B<D时，两个彩虹有部分重叠，出现叠加造成的综合彩色光谱。（B–D）的绝对值越大，两彩虹的重叠量越大。

根据上述规律，用影像法可以区分均质体宝石与非均质体宝石；区分色散度差别较大的均质体宝石和区分重折率差别较大的非均质宝石（图1–05 、图1–06 、图

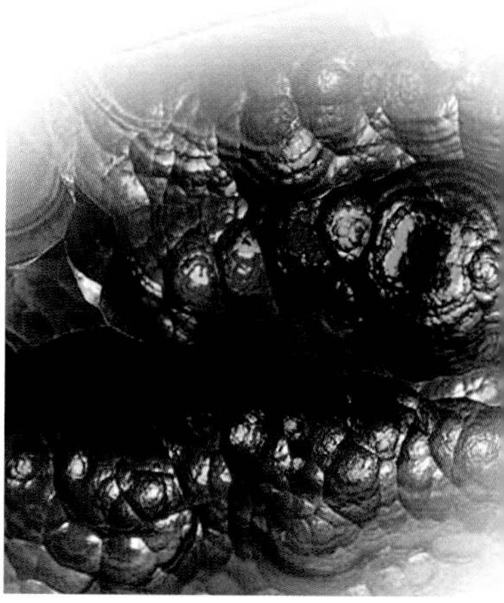

图1S–23 火玛瑙

图1S-24 锆石晶体

1-07、图1-08）。为了充分展现宝石的影像特征，这几张照片是在全黑状态下对着点光源拍摄的，目的是加深读者对典型影像特征的印象。事实上，观察刻面宝石的影像特征很难保证在全黑状态下，往往周围有较多的干扰因素。因此，只有熟练掌握影像的观察方法以及常见宝石的影像特征，才能在复杂环境下迅速排除各种干扰因素并根据影像特征对宝石的折射率、重折率及色散作出判断。

图1-05 水晶和玻璃的影像对比　图1-06 立方氧化锆和天然锆石影像对比

图1-07 红宝石和尖晶石的影像对比　图1-08 碧玺和玻璃影像对比

（2）偏光法

将两个偏光片镶在类似折叠眼镜的金属架上，将镜架折叠使两个偏光片重叠。调整偏光片的方向使两片振动方向垂直（透过两个偏光片的光线最暗时），这样就是一个最简单的偏光镜。将宝石用手或镊子置于两偏光片之间，在透射光条件下使宝石和镜片相对旋转，观察明暗变化便可鉴别均质体与非均质体。规律如下：始终全黑暗（全消光）者为均质体宝石；始终明亮不消光者为非均质体矿物的集合体；旋转360° 间隔出现四次明亮和四次黑暗（或在旋转90° 的范围内从一次黑暗到另一次黑暗）者为非均质体宝石（详见第二章第一节）。

观察双折射除了上述影像法和偏光法之外，对于双折射率较高的透明刻面宝石用放大镜也可看到：用放大镜透过台面观察亭部棱边可见双影，双折射率越大，重影越明显。

图1S-25 天河石矿物晶体

八 多色性

非均质有色宝石在透射光的照射下，在不同方向上呈现不同颜色（或色调）的现象称为多色性。能产生两种颜色或同一种颜色的两种色调者称二色性宝石；能产生三种不同颜色或色调者称为三色性宝石。

多色性是非均质有色宝石的固有特征，是区别于均质有色宝石的重要标志。

多色性产生的原因是非均质体宝石在不同方向上对不同色光选择性吸收的结果。

图1S-26 茶晶矿物晶体

非均质有色宝石的多色性有强与弱、明显和不明显之分，多色性强的宝石用肉眼可直接观察，其方法是：让白光从不同方向透过宝石，注意宝石的颜色变化。例如：泰国、澳大利亚和我国山东产的蓝宝石，如果切磨方向正确（台面与光轴垂直），从台面方向观察透射光应为蓝色，顺腰棱方向观察透射光为蓝绿色或绿色。

多色性弱的宝石用肉眼难以觉察其颜色变化，必须借助二色镜才能确认其多色性特征（详见第二章第二节）。

多色性是区分均质体宝石和非均质体宝石的显著标志。例如红色尖晶石和红宝石，前者是均质体，没有双折射，后者为非均质体，有双折射，一般情况下用偏光镜检测即可准确鉴别，即：红宝石出现四明四暗，尖晶石为全消光。但当尖晶石出现异常双折射时（表现为有异常消光现象），用偏光镜观察明暗变化就不太保险。此时如果用二色镜确认多色性特征便可准确区分，尖晶石无二色性，红宝石有二色性。在鉴别不同种类的非均质宝石时，多色性也是重要依据。

图1S-27 绿色水晶晶簇

图1S-28 菱锰矿（红纹石）矿物晶体

九 发光性

图1S-29 托帕石（黄玉）

在外在能量的激发下宝石能发出可见光的性能称为宝石的发光性，当激发停止时发光现象即刻消失的称为荧光；当激发停止后发光现象仍能存在一段时间的称为磷光。

专业实验室常用的外在激发能量主要有：长波紫外线（365nm）、短波紫外线（253.7nm）和X射线。实用鉴定中只能使用长波紫外线。

不同的宝石在长波紫外线激发时可以产生同种荧光色。例如红宝石和红色尖晶石在长波紫外灯照射下均为红色。同一种宝石也可以产生不同的荧光色。例如：同样是祖母绿，同样在长波紫外灯下，有的无荧光，有的有弱绿色或弱橙红色、弱紫红色荧光。因此，宝石的荧光特征在宝石鉴定中仅作为辅助特征。但在某种特定的条件下，荧光也可以作为关键性鉴定特征。例如：当红色尖晶石与颜色相近的石榴石相混时，二者都是均质体，用偏光镜无法区分，此时只要用长波紫外灯一照，便可准确地将二者分开。因为红色石榴石无荧光，红色尖晶石发红色荧光。又例如：假如你发现翡翠在紫外灯下发绿黄色或亮黄色荧光，那么可以肯定这粒翡翠不是A货。

十 硬度

宝石硬度是指宝石抵抗另一种物质刻划、研磨的能力。地质界常用的是德国矿物学家摩式创造的“摩氏硬度计”（表1-1）。

表1-1 摩氏硬度计

标准矿物	滑石	石膏	方解石	萤石	磷灰石
摩氏硬度	1	2	3	4	5
标准矿物	长石	石英	黄玉	刚玉	金刚石
摩氏硬度	6	7	8	9	10

这个硬度计是以10种硬度不同的矿物作为硬度标准等级，其他矿物的硬度用这些标准矿物类比定级。为了工作方便，现已按照这10种标准矿物的硬度级别制造出标准硬度片和标准硬度笔，用硬度相同的硬度片和笔来代替标准矿物。也可自备合成水晶（硬度7）、合成刚玉（硬度9）、立方氧化锆（硬度8.5）、小刀（硬度6）作为硬度

检测工具。

摩氏硬度计实质上是一种表示物质相对硬度的硬度等级，各等级之间只能说明排在前面的（级别小的）比后面的硬度小，各等级之间没有固定的等差或等比关系。例如：在摩氏硬度计中钻石的硬度是10，红宝石（刚玉）的硬度是9，只差一个等级。但实际上钻石的硬度是刚玉的46倍。在摩氏硬度计中黄玉是8，和刚玉只差一个等级，事实上刚玉的硬度是黄玉的5倍。因此摩氏硬度计只是表明等级高的能刻划等级低的这样一种相对关系。

宝石的硬度一般都比较大，因为只有硬才不易磨损，越硬越珍贵，钻石是宝石之王，也是硬度之王。

硬度检测是一种有损检测，常常应用在宝石原料的鉴定之中，对素面（弧面）宝石有时也可在其底面检测硬度，对刻面宝石一般不试其硬度，因为刻划会影响宝石的光亮和美观，也易造成宝石的破碎。万不得已非要试其硬度时可用宝石最不显眼的部位刻划标准硬度片，万万不可用硬度笔刻划宝石台面。

在实用鉴定中常根据宝石表面的磨光程度判断宝石的硬度，从而达到鉴定宝石的目的。例如一串用灰白色条纹状大理岩磨制的项链和一串用灰白色玛瑙磨制的项链，表面看来，颜色和花纹很相似，但仔细观察二者的磨光程度便可很容易地挑出哪一个是玛瑙，哪一个是大理岩，其原因是大理岩的硬度只有3，而玛瑙为6.5-7，硬度小的大理岩表面常留下抛光的痕迹，棱角圆钝不锐利，给人以不够光亮的感觉，而玛瑙表面又光又亮，二者差别比较明显。

图1S-30 海蓝宝石和桃红色磷灰石

图1S-31 缠丝玛瑙

图1S-32 红色绿柱石

十一 密度和比重

密度是单位体积的重量，度量单位是g/cm3。比重是宝石在空气中的重量与同体积水在4℃时的重量之比。二者数值相同，因此，一般采用比重值之后冠以密度的度量单位来表示宝石的密度。密度（比重值）是鉴定宝石的重要依据，在实验室常采用“重液法”或直接测定来获取宝石比重值。在实用鉴定中，虽然密度测定过程较放大镜、滤色镜、偏光镜的使用要复杂一些，但当密度值成为鉴别宝玉石的关键数据时，测一下密度还是有必要的。方法如下：

准备一个电子秤（一般情况下测程500g，误差0.1g即可），先称出宝玉石在空气中的重量，再找一个直径比秤盘小的塑料杯（或者用半截矿泉水瓶代替），杯内装水放在秤盘上，注意重量不要超出电子秤的测程，然后关掉电子秤的开关，之后再启动，电子秤自动归零，之后把要测的小玉件或宝石用线拴住，手提线的另一端，轻轻把宝玉石放入水中，注意不要碰边也不要触底，但一定要没入水中，读取数据即得到宝玉石在水中排开的水的重量，其数值相当于宝石的体积，宝玉石密度用下列公式计算：

$$\text{密度} = \frac{\text{宝石在空气中的重量}}{\text{宝石在水中排开的水的重量}} \ (\text{g/cm}^3)$$

外出时随身携带一个小电子秤，必要时不但可验证宝玉石重量，而且可测定宝玉石的密度。

在钻石鉴定中利用密度值是间接的，由于钻石的切磨比例是固定的，钻石的密度也是相当稳定的，因此可以把不同直径钻石的重量一一对应列成表格，量其腰围直径便可知道钻石的大概重量（详见第三章第一节）。钻石的主要仿冒品在光学性质上和钻石很接近，但是，除合成碳硅石以外，密度（比重值）都比钻石大，直径相同的仿冒品重量都比钻石大。

图1S-33 双色碧玺戒面

十二 热导性

宝石对热的传导能力称为热导性。导热性能的好坏用热导率（度量单位：W／m·k）表示。由于热导率的测定过程比较复杂，宝石界常以尖晶石的热导率为基准，求得其他宝石的相对值。或把银的热导率作为10000，求得其他宝石的比导热率，常见宝石中除合成碳硅石的比导热率接近钻石外，其他任何金属和宝石的热导率都比钻石低得多。热导仪（钻石笔）就是利用钻石这一特点制作的，用于快速鉴别钻石。

图1S-34 碧玺晶体

十三 特殊光学效应

1. 猫眼效应

素面（弧面）宝石在光的照射下出现的随光可平行移动的光带很像午时猫的眼睛，故称之为猫眼效应。这种现象是由于宝石中有平行密集排列的纤维状固态、液态或气态包体引起，这些包体被琢成弧面后，每一根纤维都有一个反光点，这些反光点连起来就是一条光带，这条光带随光源与宝石弧面的相对位置改变而平行移动。形成猫眼效应的必要条件有两个：一是纤维状内部结构，二是弧面琢型（图1-09 图1-10）。

自然界很多宝石都可出现猫眼效应，常见的有金绿宝石、石英、电气石、绿柱石等。其中最珍贵的是金绿宝石猫眼，俗称“猫眼石”，其他宝石若有猫眼效应时必须冠以宝石名称，以免和金绿猫眼混淆。如：石英猫眼、电气石猫眼等。目前市场上常见人造玻璃纤维猫眼、人造水晶猫眼。

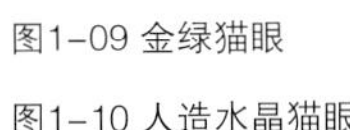

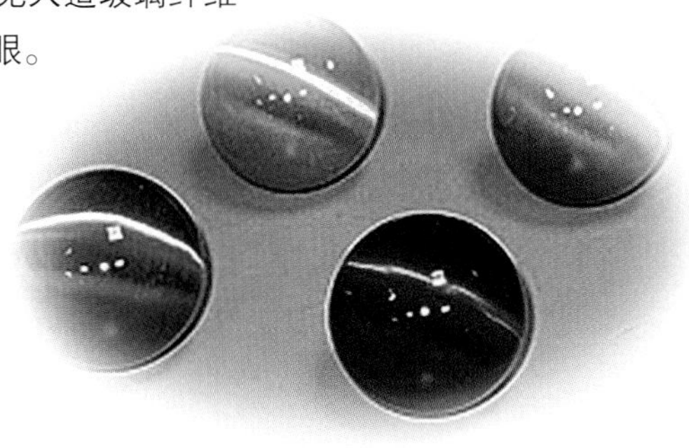

图1-09 金绿猫眼

图1-10 人造水晶猫眼

2. 星光效应

素面（弧面）宝石在光的照射下出现的几组相互交汇的光带，由于像夜空中的星光，故称之为星光效应。根据光带组数的多少可分为四射星光（二组）、六射星光（三组）、十二射星光（六组）。造成星光效应的原因是由于宝石内部有和光带组数相同的几组包裹体反光引起（图1-11）。

常见的星光宝石有：星光红宝石、星光蓝宝石、星光辉石、星光石英等。。

图1-11 星光红、蓝宝石戒指

3. 月光效应

月光效应是月光石独有的一种特殊光学效应，其特征是在弧面碱性长石表面出现随光漂移的蔚蓝色——乳白色光块，是由钾长石、钠长石两个矿物相组成的碱性长石的超显微隐纹结构造成光的漫射而形成的一种晕色（图1-12），有时月光石也可出现猫眼效应，称为月光猫眼石。

图1-12 月光石戒指

4. 变色效应

同一种宝石分别在日光灯和白炽灯照射下会出现不同颜色的现象称为变色效应，具有变色效应的宝石在日光下一般带有绿色调，在白炽灯下带有红色调。出现变色效应的原因是由于这些宝石对红光和蓝绿光吸收很少或根本不吸收，日光中含蓝绿光成分多些，故在日光下带绿色色调；白炽灯中含红光成分多些，故在白炽灯下显红色色调。

出现变色效应的天然宝石有：变石（具变色效应的金绿宝石、又称为亚力山大石）、富铬的镁铝石榴石、少量蓝宝石和少量萤石（图1-13 图1-14）。

目前科学技术已可合成人造变

图1-13 变石（左：白炽灯下，右：日光灯下）

图1-14 变色萤石（左：白炽灯下，右：日光灯下）

石，合成具有变色效应的人造尖晶石和人造刚玉等。

5. 变彩效应

在同一粒琢好的弧面宝石表面可以同时看到多种晕色的现象称为变彩效应。

天然宝石中有变彩效应的主要是欧泊（图1-15），另外还有晕彩拉长石（图1-16）。目前已生产出人造欧泊。

欧泊的变彩效应是由超显微层状二氧化硅球粒构成的特殊结构对光的衍射而造成的，在这种特殊结构中，球粒排列整齐，大小相近（150-400nm），球粒间孔洞形状相同，距离相等，当自然光照射到这些球粒时，光的衍射作用把自然光变为某种单色光，球粒大时，衍射光的波长增加，显示为红色光，球粒小时为蓝紫色光。

6. 砂金效应

当透明宝石中含有光泽强的细小不透明矿物时，在光的照射下，透明矿物中会出现许多星点状反光点，类似水中的砂金闪光，故称为砂金效应。

有砂金效应的天然宝石有日光石，其特征是半透明长石中含有细小赤铁矿和云母，光照时闪闪发光的闪光点像砂金在水中一样耀眼。人造砂金石是在玻璃中加入细小铜片或铜的微小颗粒而造成砂金效应（图1-17）。

图1-15 欧泊

图1-16 晕彩拉长石

图1-17 人造沙金石

第二章
实用鉴定常用器具

Chapter 2　Common Instruments in Practacal Appraisa

第一节　必备器具

PART1　NECESSARY INSTRUMENTS

目前用于宝石检测的仪器设备有数十种，大多数属于研究所、实验室和某些职业检测机构的专用设备，携带困难，价格昂贵，外出时难以使用。在实用鉴定中常用的是一些携带方便，操作简单的器具，主要有：手持宝石放大镜、简易偏光镜、聚光电筒、二色镜、查尔斯滤色镜、手持紫外灯和热导仪等。其中前三种应用面广，是实用鉴定必备器具，后四种是在鉴定某种宝石或检测宝石的某一特殊性质时使用，属于专用器具。

一　手持宝石放大镜

对宝石缺陷的评价是以10倍放大镜的观察结果为依据的，因此10倍放大镜是实用鉴定首要的必备工具，有条件时可同时备用一个30-60倍的放大镜，一是用以检验10倍放大镜的观察结果，二是用于发现一些人工痕迹（图2-01 ）。

用于观察宝石的放大镜必须要使整个视域内成像清晰，那些只有视域中心清晰，周围呈放射状模糊影像的劣质放大镜不能用于宝石鉴定。

手持式宝石放大镜的使用不同于一般手柄放大镜，使用时要使放大镜的上面尽量靠近眼睛，对准视物，调整距离，直至成像清晰（标准的10倍放大镜成像焦距为25毫米）。

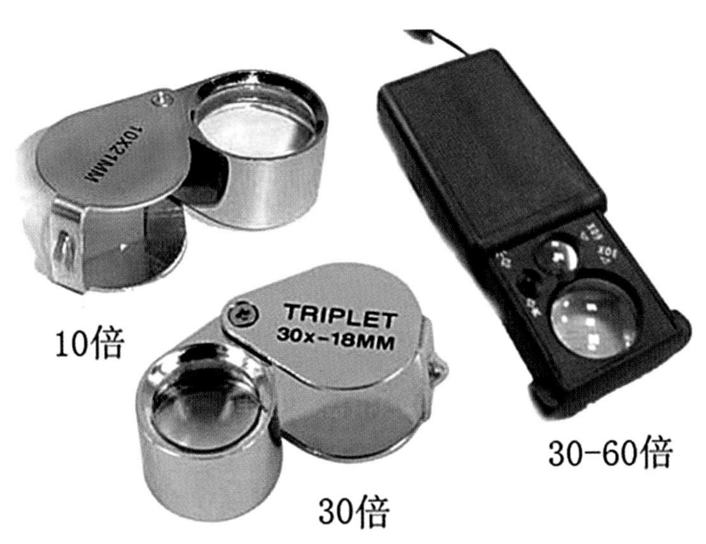

图2-01 宝石放大镜

二 简易偏光镜

光光是一种横波，按其振动特征可分为自然光和偏振光。普通照明用光均为自然光，如：太阳光、灯光等，其振动特点是：在垂直光传播方向的平面内各个方向上作等幅振动；而偏振光的振动特点是：在垂直光传播方向的平面内某一个方向上振动。如果把光的传播方向作为一条直线，偏振光的振动方向作为另一条直线，两条直线即构成一个平面，因此，偏振光又可称为平面偏振光。

图2S-02 方朋石矿物晶体

偏光片，顾名思义就是产生偏振光的薄片，是用人工特制的偏光胶膜粘在光学玻璃片或透明塑料片上制成的，其功能是只允许某一振动方向的光通过，其他方向振动的光均被偏光片吸收。自然光透过偏光片后即变为某一方向振动的偏振光（图2-02）。

两个振动方向相互垂直的偏光片构成一个正交偏光系统，可用于透明宝石光学性质的观察，将这套正交偏光系统与光源、载物台和支架组合在一起，构成当前使用广泛的台式偏光仪。在显微镜支架上装一套正交偏光系统便是偏光显微镜。偏光仪和偏光显微镜是职业检测机构或实验室不可缺少的仪器。但由于携带困难，外出时难以使用。袖珍偏光仪克服了普通偏光仪携带困难的缺点，长只有7.5厘米，直径2厘米，由上、下两管相套构成，在上管的上端和下管的下端各镶有一个偏光片，两偏光片振动方向相互垂直。在下管的中部有一个小孔，内有一个可旋转的载物台，使用时可将宝石从小孔放入管内的载物台上，对准亮处即可观察。这种袖珍偏光仪虽然克服了普通台式偏光仪不便携带的缺点，但也失去了台式偏光仪能检测大粒宝石和水晶制品（眼镜片、项链等）的优点，使用局限性较大。

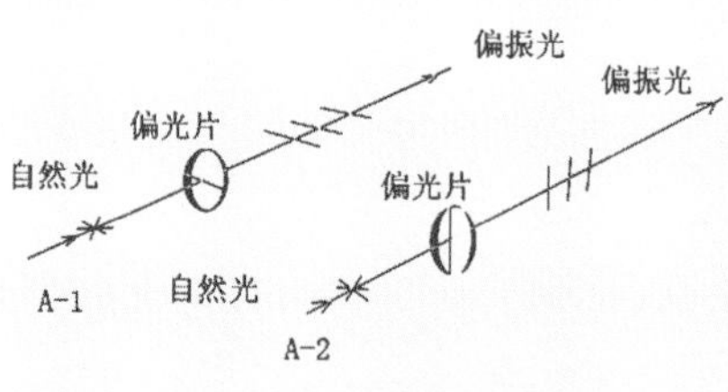

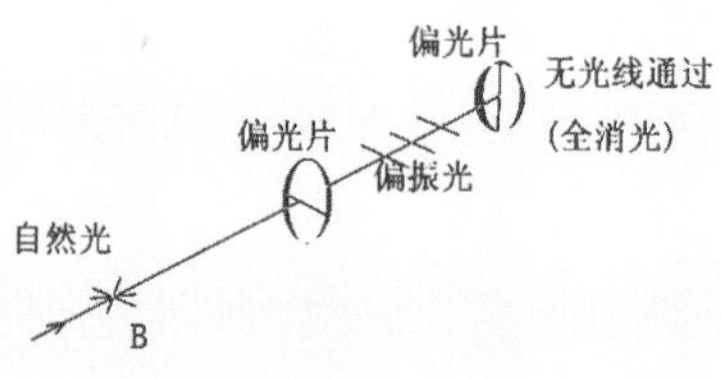

A-1 A-2 自然光通过单偏光片变成偏振光
B 正交偏光系统

图2-02 偏光镜的原理

图2S-03 红水晶晶体

图2S-04 深红色蔷薇辉石矿物晶体

本书向宝石爱好者推荐的是一种结构最简单的夹片式简易偏光镜，是把两个类似眼镜片大小的偏光片镶在一个类似折叠眼镜框的金属或塑料框上制成的，掀开时像一副没有腿的眼镜，折叠起来就是一个最简单的正交偏光镜。这种偏光镜不仅体积小便于携带，而且可以检测比较大的宝玉石制品，既克服了台式偏光仪不便携带的缺点，又弥补了袖珍偏光仪不能检测大粒宝玉石的缺陷，是外出从事宝石商贸活动随身携带的理想工具，也是珠宝玉石爱好者的必备工具（图2-03）。

这种简易偏光镜在第一次使用前，首先必须检查两个偏光片的振动方向是否处于垂直状态（即是否构成正交偏光系统）。方法是：将镜架折叠使两偏光片重叠，面向亮处看是否透光，不透光即为正交，若透光就表示不是正交，此时可用镙丝刀将其中一个偏光片的固定镙丝拧松，然后再将两偏光片重叠，对着亮处，用手旋转松动的偏光片，使光线达到最暗时即达正交位置，拧紧镙丝就可使用。由于这种偏光片的固定机制完全和眼镜片的固定机制一

图2S-05 辰砂晶体（HgS）

图2-03 夹片式简易偏光镜

样，只要镙丝不滑扣，镜片就不会松动。因此，这种简易偏光镜在购入时一般只需调整一次。

这种简易偏光镜的使用方法与其他各种偏光镜的使用方法类同，只不过是用手代替支架和载物台。具体操作如下：用一只手的大拇指、食指和中指捏住偏光镜柄，面向亮处，将两偏光片之间张开一定的距离，另一只手用镊子或宝石抓将宝石卡住伸至两偏光片之间（如果被测物是水晶眼镜片或其他较大宝玉石时可用手直接卡其边部伸至两偏光片之间），观察宝石的明暗，然后再使两偏光片之间的宝石与偏光片作相对旋转（固定宝石、转动偏光镜或固定偏光镜转动宝石），观察宝石的明暗变化，从而对宝石作出判断。可能会出现下列四种情况：

图2S-06 红纹石（菱锰矿）矿物晶体

1. 调整宝石与偏光片的相对位置，使宝石达到最亮，然后顺时针相对旋转45°，此时若又变为最暗，表明在90°的范围内宝石由最暗经过最亮再到最暗，这种现象就相当于在台式偏光仪的载物台上旋转一周（360°）出现四次明亮和四次消光。这种现象的出现就标志着被测宝石是非均质体。

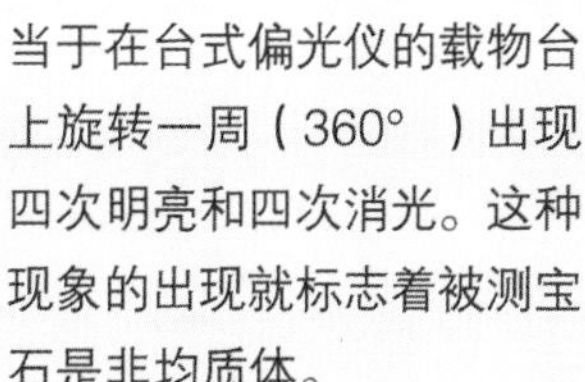

2. 无论怎样变换宝石与偏光片的相对位置，宝石始终保持最暗，没有明暗变化，这种现象称为全消光。出现这种现象时可多变换几个方向观察，如果都是全消光，说明宝石是均质体。
3. 无论怎样变换宝石在两偏光片之间的相对位置，宝石始终保持明亮，这表明被测宝石属于非均质体的微晶集合体。
4. 出现波状、斑纹状、不规则消光，这是异常消光现象，一些均质体宝石（如尖晶石、石榴石等）在晶体形成过程中受到应力作用时常出现这种异常消光现象。当怀疑所见消光特征为异常消光时，可用二色镜进一步证实。

图2S-07 方解石晶簇

图2S-08 金色萤石矿物晶体

简易偏光镜的任意一个偏光片都可作为单偏光镜使用，主要用于观察二色性明显的宝石，操作如下：面向亮处（光源），使光透过宝石再透过单偏光片，观察宝石的颜色，首先调整宝石与偏光片的相对位置，使观察到的颜色最浓，然后把宝石与偏光片相对转动90°，同时观察宝石的颜色变化，如果颜色变淡或变为另一种颜色，就说明该宝石多色性比较明显。当光线垂直光轴射入时二色性最强，当光线平行光轴射入时没有二色性，因此要多观察几个方向，选择最明显的方向进行观察，例如蓝宝石，当方位选择合适时，转动单偏光片使蓝色达到最艳，然后把宝石与单偏光相对转动90°，则变为蓝绿色。

对于多色性弱的有色宝石，用单偏光片难以觉察其颜色变化，必须使用专用工具二色镜才能查清是否有多色性。

三 宝石专用強光电筒

随着珠宝业的发展，市场上出现了众多宝玉石专用强光电筒（图2-04），珠宝爱好者可根据自己的喜好选择适合自己的电筒，这里需要强调的是：一定要配备两只不同色光的电筒，一是白光电筒，一是黄光（白炽光）电筒，因为确认宝石是否有变色效应必须是用这两种不同的光源分别照射观察颜色变化。现在市场上已有自带两种光源的强光电筒出售。

图2-04 宝玉石专用強光电筒

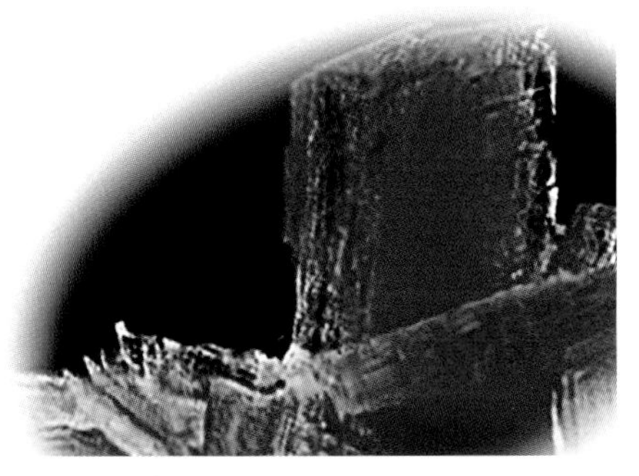

图2S-09 深红色蔷薇辉石矿物晶体

图2S-10 绿碧玺塔链

第二节　专用器具

PART 2　SPECIALIZED INSTRUMENTS

图2S-11 芙蓉石（粉晶）晶簇

图2S-12 粉红色托帕石（黄玉）矿物晶体

一　二色镜

在实用鉴定中，二色镜主要用于颜色相近的透明均质体宝石与非均质体宝石的准确鉴别。也可作为非均质透明宝石鉴定的辅助方法。

二色镜的原理是：自然光透过非均质体时（光轴方向除外）会发生双折射，产生振动方向相互垂直、折光率有差异的两种偏振光，这两种偏振光由于折光率不同而造成传播方向有所不同。非均质体在不同方向上对同种色光有不同的选择性吸收，造成宝石在不同方向上呈现不同的颜色。通常肉眼观察到的是两个方向偏振光不同颜色的合色。二色镜的功能就是把这两束呈现不同颜色的偏振光分离开来，各自呈现其本色，从而达到鉴别宝石的目的。

目前市场上出售的二色镜品种较多，但按其制作材料划分只有两种：一种是偏光片式；另一种是冰洲石式。

偏光片式二色镜的显色材料是由振动方向相互垂直的两个半圆形偏光片对接粘合而成。使用时将宝石置于两个半圆的对接线之下，光源置于宝石之下使光透过宝石，眼睛尽量靠近二色镜的目镜。在看到半圆中有颜色后缓慢旋转二色镜，使两半圆偏光片的光线达到最亮，此时两半圆偏光片的振动方向正好和从非均质宝石透出的两束偏光分别平行，两偏光片显示的颜色就是两束偏振光的颜色。这种二色镜的优点是价格低廉、制作简单，缺点是显色效果差，对于多色性不明显的非均质宝石容易造成误判，只能用于多色性明显的宝石。显色效果差的原因有两个：一是由于两个半圆形偏光片显示的是宝石相临两个点的颜色，不是同一位置的颜色，如果宝石颜色分布不均匀，则会对二色性的观察造成干扰。二是由于偏光片本身的淡色会使观察到的颜色轻度失真。因此这种二色镜的应用范围越来越小，逐渐被冰洲石式所取代（图2-05）。

冰洲石式二色镜消除了偏光片式二色镜的所有缺点，但价格稍高。其优点一是冰洲石本身无色，不会使颜色失真；二是不受宝石本身颜色不均匀干扰，因为这种二色镜观察到的是宝石的同一部位，对振动方向不同的两束偏振光产生不同的选择性吸收而造成的两种颜

图2-05 二色镜

色，而不是宝石不同部位选择性吸收造成的颜色。

多色性是透明、有色、非均质宝石的固有特征，不言而喻，不透明宝石无多色性；无色宝石无多色性；均质宝石无多色性。多色性是区分透明有色均质体宝石与非均质体宝石的本质性标志。当均质体宝石出现异常双折射（偏光镜观察为异常消光）时，可用二色镜进一步鉴别。例如，区分红色尖晶石与红宝石，前者是均质体宝石，在正交偏光系统中应为全消光（宝石在两

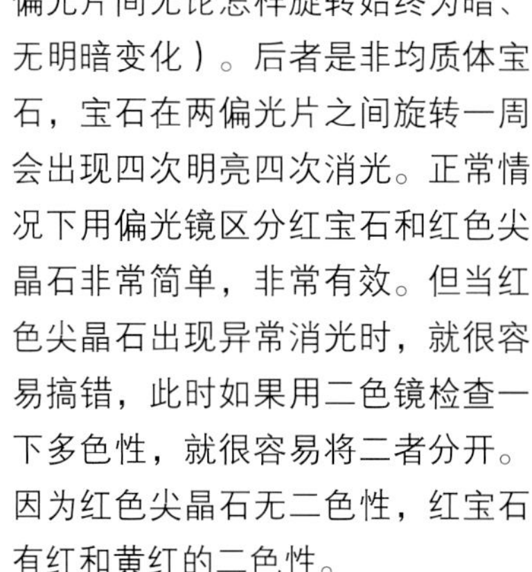

偏光片间无论怎样旋转始终为暗、无明暗变化）。后者是非均质体宝石，宝石在两偏光片之间旋转一周会出现四次明亮四次消光。正常情况下用偏光镜区分红宝石和红色尖晶石非常简单，非常有效。但当红色尖晶石出现异常消光时，就很容易搞错，此时如果用二色镜检查一下多色性，就很容易将二者分开。因为红色尖晶石无二色性，红宝石有红和黄红的二色性。

用二色镜观察多色性时应注意下列事项：

1. 照明必须使用自然光，不能用有色光。
2. 必须在透射光条件下，即让光透过宝石再用二色镜观察。反射光条件下看不到多色性。
3. 观察时二色镜的目镜离眼睛约2-5毫米，二色镜的小孔紧挨宝石。
4. 当发现二色镜中的两个方框（或半圆）颜色不同时不要急于下结论，此时应缓慢旋转二色镜，当旋转180°

图2S-13 赤铜矿矿物晶体

时，两方框（或半圆）颜色对换，再转180° 又发生对换，这就表明所见不同颜色是多色性。在旋转过程中没有这种颜色变换就不是多色性。

5. 多观察几个方向再下结论，因为光轴方向无二色性。

二　查尔斯滤色镜

查尔斯滤色镜是由两片特制滤色胶膜夹在保护玻璃片中制成的，对光有特殊的选择性吸收：仅允许深红色和黄绿色光通过，吸收其他色光（图2-06）。

据此可为宝玉石的鉴定提供依据，如：海蓝宝石在滤色镜下为艳蓝色或蓝绿色，而海蓝色玻璃、蓝

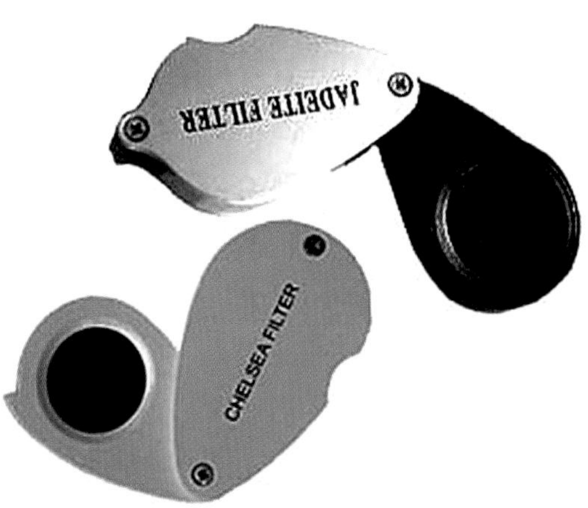

图2-06 查尔斯滤色镜

图2S-14 紫色萤石

黄玉在滤色镜下为粉红色、灰绿色或不变色。根据这一特征可以很准确，很迅速地把混在海蓝宝石中的蓝黄玉和玻璃挑出。

使用滤色镜的注意事项：

1. 一定要在强自然光或强白炽灯下观察，弱光和有色光会导致错误的判断。
2. 滤色镜要尽量靠近眼睛，尽量避免滤色镜与眼睛之间有光线射入。
3. 滤色镜与被测宝玉石的距离一般为20-40厘米。

三　便携式紫外灯

紫外灯是根据一些物质在受到紫外光照射时能发出荧光的现象而设计制作的，按紫外线波长分为长波紫外灯（365nm）和短波紫

外灯（253.7nm）。市场上大量出现的各种验钞器（灯）均属长波紫外灯，一些袖珍式的紫外验钞器均可作为检测宝玉石发光性的紫外灯（图2-07）。

用紫外灯检测宝石发光性时，要将宝石放置在暗色背景上（注意：背景不能反光），使灯尽量靠近宝石时再按动开关。人眼要在看不见灯管的位置观察宝石的荧光色。

图2-07 长波紫外灯

四 热导仪

热导仪是根据钻石具有极好的导热性而设计制作的，又称为钻石鉴定仪。

热导仪的品种较多，按其便携程度可分为台式热导仪和手持式热导仪（或称为钻石笔）。台式热导仪体积较大，主要在实验室使用，外出时主要使用手持式热导仪。这种热导仪外观呈长方形，前端有一个直径为0.5毫米、长0.4厘米左右的金属探针，不用时探针被罩在一个保护套内（图2-08）。

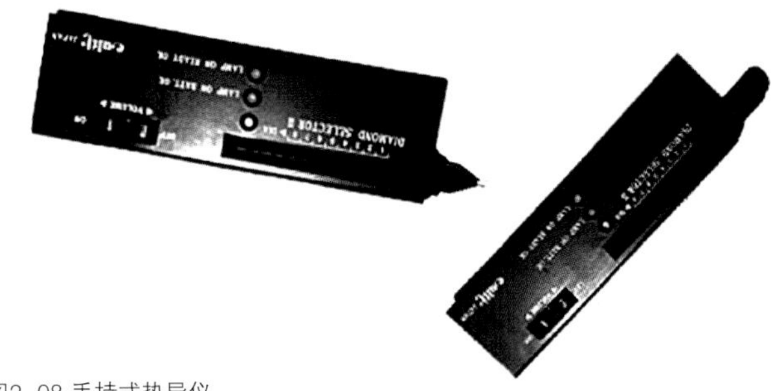

图2-08 手持式热导仪

热导仪使用9伏方形电池。仪器附带一块小铝板，铝板上有六个大小不同的凹坑，测定时将磨好的钻石按粒径放入铝板的坑内，并使钻石台面朝上便于检测。对已镶嵌在首饰上的钻石可用手直接拿住离钻石尽量远的位置，也要把台面朝上。把旋钮朝“on”方向拨动打开仪器开关，此时指示灯“Lamp on BATT OK”亮，几秒钟后指示灯“Lamp on READY OK”亮，表示热电偶已将探针加热，仪器可以使用。

图2S-15 铁铝石榴石矿物晶体

图2S-16 海蓝宝石矿物晶体

测定前要按照热导仪文字说明书的规定，依据钻石的粒径和当时环境的温度预先调亮若干个长方形发光二极管。然后取掉探针的保护套，手持仪器，将仪器的探针尽量垂直与宝石台面接触1-3秒钟，注意观察长方形发光二极管发亮的个数，当十二个灯全部发亮时，仪器会断续发出声音，这种现象称为“钻石反应”。

热导仪除了作为钻石的检测仪器外，也可用于其他宝石的检测。例如，区分红宝石和红色尖晶石，红宝石的比热导率为834，尖晶石为281，差别比较明显，用热导仪检测很容易区分。又例如，区分水晶和玻璃（水晶的比热导率为140-264，玻璃只有12-33），区分蓝黄玉和海蓝宝石（黄玉的比热导率为446，海蓝宝石只有95）等。当然，鉴别这些中低档宝石一般不用热导仪，但如果当时手边没有其他工具只有热导仪时，也不妨借用一下。

使用热导仪应注意下列事项：

1. 使用热导仪时应轻拿轻放，检测时不要用力过大，以免探针被压弯。用后及时戴上保护套。
2. 仪器必须预热，“Lamp on READY OK”指示灯不亮前不能使用。
3. 根据检测对象和环境温度，在测前正确掌握调亮灯的数量（在热导仪的使用说明书中有具体说明）。
4. 未镶嵌钻石不能拿在手中测定，必须放在金属板的凹坑内测定。因为手的温度会影响钻石散热，可能会导致错误的结论。

图2S-17 橄榄石矿物晶体

图2S-18 天河石和烟晶矿物晶体

第三章
常见宝玉石的实用鉴定

Chapter3　Practical Appraisal of Common Gemstones and Jades

第一节 钻 石

PART1 DIAMOND

钻石是最名贵的宝石，被誉为宝石之王，是国际通用的保值硬通货。在民间，钻石被作为四月的生辰石和结婚60周年的象征。

一 钻石的物理性质

钻石的矿物名称是金刚石，化学组成是碳（C），等轴晶系，与石墨属同质多象体。一般为无色—淡黄色、淡褐色，偶见蓝色、绿色、紫色和黑色。一般透明度较好。折光率2.42，反光强，表现为典型的金刚光泽。色散明显，色散度为0.044。摩氏硬度为10，是目前地球上最硬的矿物，被称为硬度之王。密度3.52g/cm^3。热导率最高，是尖晶石的70-212倍，银的1.6-4.8倍。金刚石晶体内常见石墨、磁铁矿、石榴石、透辉石、橄榄石等细小包体。在长波紫外灯下一般不发荧光，但当含硼（B）、铍（Be）、铝（Al）等杂质元素时发淡蓝色荧光。

图3S-1-01 钻石毛坯（金刚石）

二 钻石的鉴定特征和方法

钻石的主要鉴定特征是：极好的导热性，极高的硬度，典型的金刚光泽，美丽柔和的色散，高折射率，均质体，锐利的刻面交棱以及标准琢型直径与重量的对应性等。钻石的鉴定方法按其有效程度可分为两类：

1. 一测即定法——“两笔”法

“两笔”即钻石笔（便携式热导仪）和莫桑石笔，首先用热导仪检测宝石，有“钻石反应”者只有两种宝石，一种是钻石，另一种是合成碳硅石（SiC 俗称莫桑石），二者必居其一，这时只要用莫桑石笔一测便可确定是否钻石。

图3S-1-02 钻石毛坯（金刚石）

如果手边只有热导仪，没有莫桑石笔，那也可以根据它们的光性差别很快将它们区分，因为钻石是均质体，无双折射。目前市场上的合成碳硅石是非均质体，并且有明显的双折射。透过台面旁侧的星刻面观察亭部棱线有双影者是碳硅石，无双影者为钻石。这种方法操作简单，结果准确。

据报导，科学家已经研究制造出等轴晶系的莫桑石，只不过是还没有大量生产投放市场。如果到了那一天，莫桑石的双折射也变成单折射了，棱线双影也消失了，有无双影就不再是钻石和莫桑石的鉴别依据，到那个时候如何区分钻石和莫桑石？到目前为止还未见有关这方面的任何报道。

2. 综合判定一项否定法

这一方法是以除热导率以外的其他鉴定特征为依据的，这些特征中每一个单项特征都不是钻石独有，例如：钻石的光泽为金刚光泽，但具有金刚光泽的还有碳硅石、立方氧化锆和天然锆石（高型）。又例如：钻石的折光率2.42，把钻石台面尽量靠近眼睛观察点光源在主亭刻面的影像时看不到完整的影像。具有这种特征的还有钛酸锶（折光率2.41）、金红石（折率2.74）和莫桑石（2.67）；钻石具有明显色散（色散度0.044），但有明显色散的绝非只有钻石；钻石是均质体，但属于均质体的绝非只有金刚石等等，这里不再一一列举，但如果把各个单项特征组合在一起作为一个整体特征考虑，那么这个整体特征是钻石独有的，就可以作为确定钻石的依据。反之，如果这些单项中任意一项不符合，这个整体就被破坏了，整体特征也就不存在了，就可以作为否定的依据。

图3S-1-03 18K玫瑰金钻戒

图3S-1-04 18K玫瑰金钻石吊坠

综合判定的主要内容包括：

1. 肉眼确定光泽类型和色散强度；
2. 用“影像法”或“看字法”判定折光率的数值范围；
3. 用简易偏光镜确定均质性或非均质性；
4. 用放大镜观察刻面交棱的锐利程度和有无双影；
5. 用卡尺量取直径，查表或用公式计算理想重量并与实际称重进行对比，从而判定密度（比重）的大小；
6. 用放大镜观察内部特征。

三 钻石仿冒品及其鉴别

钻石珍贵稀少，人们千方百计寻找各种代用品仿冒钻石，以满足消费者美化生活的需要，同时也为不法商人提供了欺诈顾客牟取暴利的条件和机会。因此，广大宝玉石爱好者和宝玉石商贸工作人员必须对市场上出现的钻石仿冒品的种类及其与钻石的区别非常熟悉，否则就有可能蒙受巨大的经济损失。

钻石的仿冒品主要有：合成碳硅石、立方氧化锆、钆镓榴石、钇铝榴石、钛酸锶、合成金红石、仿钻火石玻璃（铅玻璃的一种）、天然锆石（高型）等，这些仿冒品中除天然锆石外均为人工合成品。它们之所以能作为钻石的仿冒品，主要是因为它们都有较高的折光率和明显的色散，使得这些仿冒品在外观光学特征上与钻石有某些相似之处。另外还有一些更为低劣的仿冒品，包括有：无色尖晶石、无色刚玉、无色托帕石、无色水晶和石英玻璃等，由于它们的折光率和色散度明显低于钻石（表3-1-1），肉眼直观鉴定很容易区分。近年来市场上已经很少见，但在一些旧首饰上有时仍可见到。

图3S-1-05 18K玫瑰金钻戒

表3-1-1 钻石与仿冒品物理性质对比表

名称	光泽	折射率	重折率	色散	密度	硬度
钻石	金刚	2.42	无	0.044	3.52	10
莫桑石	金刚	2.67	0.043	0.104	3.22	9.25
立方氧化锆	亚金刚	2.16	无	0.06	5.75	8.5
钆镓榴石	玻璃	2.03	无	0.045	7.05	6.5
钇铝榴石	玻璃	1.83	无	0.045	4.55	8.5
钛酸锶	玻璃	2.41	无	0.2	5.13	5.5
合成金红石	油脂	2.74	0.287	0.33	4.26	6.5
天然锆石	亚金刚	1.95	0.059	0.039	4.3	7

仿钻玻璃	玻璃	1.8	无	0.037	4.5	5
无色尖晶石	玻璃	1.73	无	0.02	3.64	8
无色刚玉	玻璃	1.76	0.009	0.018	4	9
无色托帕石	玻璃	1.62	0.010	0.014	3.53	8
无色水晶	玻璃	1.54	0.009	0.013	2.66	7
石英玻璃	玻璃	1.46	无	0.007	2.2	6

图3S-1-06 18K玫瑰金钻石耳坠

目前市场上最常见的钻石仿冒品是立方氧化锆，因为这种人工合成品的物理性质与钻石很接近，成本也很低，价格很便宜，在市场上买一粒直径6.5毫米（相当于1克拉圆型钻石的直径）的立方氧化锆只需几元人民币。最近新出现的合成碳硅石光学性质更接近钻石，是比立方氧化锆更好的钻石仿冒品，价格为同等效果钻石的5–10%。

钻石与仿冒品的区分过程实质上就是鉴定钻石的过程，使用的方法如前所述有二：一是“两笔”法，二是综合判定一项否定法。“两笔”法前已介绍，这里不再重复，仅对综合判定一项否定法的鉴定思路进行具体介绍。

在正式开始判定之前，首先观察待鉴定宝玉石的色散特征，如果没有明显的色散即可加以否定，如果色散明显，即可排除色散不明显的低劣仿冒品（尖晶石、刚玉、黄玉、水晶、石英玻璃），然后再根据钻石的其他特征进行综合判定。判定内容的先后顺序可根据每个人的习惯有所不同，归纳起来主要有下列四种：

（1）从光泽入手

钻石具有典型的金刚光泽，没有金刚光泽的宝石肯定不是钻石。如果有金刚光泽，就可排除表3–1–1中色散明显但没有金刚光泽的仿冒品。有金刚光泽的只有天然钻石（高型）、合成碳硅石、立方氧化锆和钻石。此时只需把待定宝石台面尽量靠近眼睛，观察点光源在主亭刻面的影像，无影像者为钻石和碳硅石，有一至二个影像者不是钻石。再从星刻面观察亭部棱线，有双影者不是钻石，无双影者是钻石。

图3S-1-07 Pt950铂金钻石耳钉

（2）从折光率入手

钻石的折光率为2.42，如第一章第二节所述，折光率>2.35的影像特征是没有影像。折光率为1.85-2.35之间时为大环型，当折光率为1.7-1.85之间时为中环型。据此，我们可以首先对待定宝石进行影像法检查，即把待定宝石的台面尽量靠近眼睛，透过台面观察点光源在主亭刻面的影像数量，如果为大环型，表明折光率<2.35，即可否定，如果没有影像，表明折光率>2.35，从表3-1-1可知，折光率>2.35的除钻石外，还有合成碳硅石、合成金红石和钛酸锶。这四种宝石中具有金刚光泽的只有钻石和碳硅石。也可以根据色散特征进一步判定，金红石和钛酸锶的色散度分别为0.2和0.33，均为强色散，其特征是闪光刺眼色彩重，钻石为中等色散（色散度0.044），美丽柔和。对色散特征熟悉的人可用此思路。

（3）从刻面交棱的锐利程度入手

钻石的硬度最大，它的刻面交棱总是非常锐利，大部分仿冒品的硬度大大低于钻石，无论加工时多么精心，难免会留有较为圆钝的刻面交棱。即便是琢磨得比较锐的交棱，由于硬度低，很容易被损伤。因此，用放大镜观察刻面交棱，如发现损伤明显或不够锐利呈圆滑状，即可肯定不是钻石。如果交棱锐利，可根据光泽或用影像法判断折光率进一步确认。

图3S-1-10 18K玫瑰金钻戒

（4）从重量入手

钻石极为珍贵，各种琢型都有严格的规定，钻石的比重值（密度）也比较稳定，因此，钻石的规格尺寸与重量之间有比较固定的对应关系。例如：标准圆型钻石，不同的腰围直径有不同的重量，相同腰围直径有基本相同的重量。为了应用方便，常把圆型钻直径与重量的对应关系列为表格，量取钻石的

图3S-1-08 18K玫瑰金钻石耳钉

图3S-1-09 18K玫瑰金钻石吊坠

直径，便可从表格查出该直径应有的重量（表3-1-2）。如果手边没有这类对应表，可用下列公式进行计算：

标准圆型钻石：　w=0.00355d3
马眼型钻：　w=0.007（a-b／3）bh
梨型钻：　w=0.0059abh
长条钻：　w=0.013（a-b／3）bh

上述公式中，w为重量，d为圆钻的直径，a为非圆型钻的长度，b为宽度，h为高度，重量单位是克拉（ct），长度单位为毫米（mm）。

图3S-1-11 18K玫瑰金钻戒

为了区分钻石与仿冒品，常把在表中查出的或用公式计算出的理想重量与实际称得的重量进行对比，如果差距较大就不是钻石；如果基本相同，可以根据前述光泽、折光率、刻面交棱特点加以区分。

还可以从钻石的其他鉴定特征入手，例如：可以先从钻石的均质性入手，用简易偏光镜检查宝石的消光特征。如果出现“四明四暗”现象（宝石在两偏光片之间旋转360°，出现四次明亮和四次黑暗），表明宝石是非均质体，肯定不是钻石；如果出现全消光（在360°内全黑暗），说明宝石是均质体，排除了是非均质仿冒品的可能性，然后再根据其他特征进一步判定。

总之，综合判定一定要体现“综合”二字，无论首先从钻石的哪种鉴定特征入手，最终都要全面考虑钻石的各种鉴定特征，这样才有可能做到判定结论正确无误。

图3S-1-12 18K玫瑰金钻石吊坠

表3-1-2圆钻直径与重量对应表

直径mm	重量ct	直径mm	重量ct	直径mm	重量ct
<1.5	0.01	3.9	0.21	5.7	0.65
1.5-1.8	0.02	4.0	0.23	5.8	0.69
1.9-2.1	0.03	4.1	0.24	5.9	0.73
2.2-2.3	0.04	4.2	0.26	6.0	0.77
2.4-2.5	0.05	4.3	0.28	6.1	0.81
2.6	0.06	4.4	0.30	6.2	0.85

2.7	0.07	4.5	0.32	6.3	0.89
2.8	0.08	4.6	0.34	6.4	0.93
2.9	0.09	4.7	0.36	6.5	0.97
3.0	0.10	4.8	0.38	6.6	1.02
3.1	0.11	4.9	0.41	7.0	1.22
3.2	0.12	5.0	0.44	7. 4	1.49
3.3	0.13	5.1	0.47	8.1	1.9
3.4	0.14	5.2	0.50	8.7	2.5
3.5	0.15	5.3	0.53	9.2	3.0
3.6	0.17	5.4	0.56	9.8	3.5
3.7	0.18	5.5	0.59	10.2	4.0
3.8	0.19	5.6	0.62	11.26	5.0

从理论上讲，钻石的硬度是10，大于所有天然和人造仿冒品，利用这一特征可准确无误地区分钻石和各类仿冒品，但在实际应用中，除了鉴别原石有时可相互刻划外，在鉴别成品的过程中谁也舍不得冒着损坏的危险去试宝石的硬度。

四 人工合成钻石

二十世纪七十年代以来，有关人工合成宝石级金刚石实验成功的消息曾有多次报道，值得特别强调的是，近年来出现了一种称为“化学气相沉淀法（CVD）”的合成钻石工艺，用这种方法可以快速合成出高质量大颗粒钻石，目前国内市场已有发现，甚至还出现了“山寨版”的CVD合成钻石，就是在立方氧化锆的表面用化学气相沉淀法镀一层CVD合成钻石，用来仿冒钻石。由于CVD合成钻石的光学物理性质和天然钻石完全相同，目前用肉眼和普通仪器根本无法鉴别，必须借助于大型高级检测仪器才能分辨。所以，购买钻石时，特别是购买大颗粒钻石时，必须要求商家出具有资质的检测机构签发的鉴定证书。

虽然用肉眼和普通仪器无法区分天然钻石和CVD合成钻石，但值得欣慰的是，我们用简单的方法可以鉴别所有的钻石仿冒品。

这里给各位珠宝爱好者两点建议：

1. 熟悉当前国际钻石价格，对太离谱的报价要多问几个为什么，坚决抛弃捡漏心理。
2. 对于各种商家戴了帽子的钻石，例如：苏联钻、莫桑

图3S-1-13 18K彩金钻戒

钻、澳大利亚水钻、泰国钻、瑞士钻、奥地利钻等等，不要误认为是某某产地的钻石，这些都是地地道道的仿冒品。

五 钻石的评价

钻石价格之所以昂贵，除了它本身的优秀品质（最高的硬度、美丽的光泽和色散等）以外，很重要的一点就是它的稀少性，如果有一天在世界多地发现了众多的钻石矿产地，那钻石的经济地位将从根基上受到动摇。据英国《每日镜报》2012年9月17日报导，俄罗斯克里姆林宫宣称，西伯利亚地区发现的一处小行星碰撞形成的弹坑中蕴藏丰富钻石资源，储量之大可持续开发长达3000年。

图3-1-1 俄罗斯西伯利亚波皮盖坑金刚石

这些钻石的开发会给钻石价格带来什么样的影响，全世界都在关注。

无论钻石价格总体上升或下降，对钻石的评价主要考虑四个因素：重量、颜色、净度、切工。由于这四个因素中每一项的英文单词都是“C”打头，所以又把钻石经济评价依据简称为“4C”原则。

1. 克拉重量（carat weight）

钻石重量是评价钻石的首要因素，因为大粒径钻石十分难求。钻石的称重使用电子天平或克拉秤，仪器精度要求为0.005-0.001克拉（ct）。钻石的重量表示单位是“克拉”和“分”，1克拉=100分=0.2克。

依据钻石的克拉重量可把钻石分为三档：

重量在0.29克拉（即29分）以下的称为小钻，0.30-0.99克拉（30分-99分）为中钻，1克拉的钻石就是大钻。在临界重量上下的钻石往往价格差别很大。同一档次的钻石，其重量价值与重量的平方呈正比。

图3S-1-14 18K玫瑰金钻戒

对于镶嵌在首饰上的钻石无法直接称取其重量时，可量取钻石的直径和其他尺寸查表或用公式计算理想重量，并用此重量来估算其价值。

2. 颜色（color）

天然彩钻（红色、粉红色、绿色、彩黄色和蓝色钻石）非常稀少，均作为珍品收藏，出售时按质论价，国际上没有统一评价标准。

市场上出现的钻石颜色均属无色——浅黄色系列。黄色越淡，价值越高。所谓钻石的颜色或色级就是指这类钻石颜色中黄色色调的轻重。颜色的微小差别都会引起价格的变化。为了便于估价，各国都有本国通用的钻石颜色分级标准，但最常用的是中国制（含香港）标准和美国宝石学院（GIA）标准（表3-1-3）。

表3-1-3钻石色级划分对比表

中国体系	GIA	欧洲体系	肉眼观察特征
100 D	D	极白+	
99 E	E	极白	透明无色
98 F	F	优白+	
97 G	G	优白	钻石正面无色
96 H	H	白	
95 I	I	微黄白	
94 J	J	浅黄白	大钻轻微黄色 小钻正面无色
93 K	K		
92 L	L		
91 M	M	浅黄	
90 N	N		肉眼可见黄色
<90 <N	O-Z		

钻石的分级非常严格，是由训练有素的专业人员在规定工作条件下进行。常用分级方法有两种：一是比色法，即把未定色级的钻石在规定照明光源、规定背景等规范工作条件下与标准样石进行对比，从而确定未定色级钻石的颜色等级。二是仪器法，常用仪器是钻石光度计。

实用鉴定中不可能准确确定钻石颜色的具体等级，但可大致判

图3S-1-15 18K玫瑰金钻戒

图3S-1-16 18K玫瑰金配钻红碧玺吊坠

定色级范围。例如肉眼直观为无色者，色级在96以上，为高色级钻石。肉眼观察感觉到黄色调的轻度存在时，就可以肯定色级在96之下。如果有明显的黄色色调存在，钻石呈微黄—浅黄者，色级应在91以下。

肉眼判定钻石色级时应注意下列四点：

1. 避免在阳光直射条件下观察。
2. 避免周围环境（如：天花板和墙壁的颜色等）的干扰，钻石的衬底和背景必须是白色。
3. 不能在透射光下观察颜色，必须在反射光条件下观察。即：不能把钻石置于光源与眼睛之间观察光透过钻石后的颜色。
4. 尽量排除色散对真实颜色判定的影响，最好是把钻石台面平放在白纸上，使眼睛与钻石亭部基本在一个水平面上进行观察。

图3S-1-17 18K玫瑰金配钻红碧玺戒指

3. 净度（clarity）

钻石净度是指钻石内外出现瑕疵的多少和明显程度，既包括钻石的原生缺陷（裂纹，瑕斑，包裹体等），又包括加工过程中造成的后生缺陷（崩缺、磨痕等）。净度分级不仅要考虑瑕疵的多少和大小，而且要考虑瑕疵的形状和出现位置。

瑕疵的出现会直接影响钻石的透明度和色散效果，因此，净度不同的钻石价格往往差别较大。

世界各国对钻石净度等级的划分略有差异（表3-1-4），常用的是中国和GIA标准。净度等级判定过程如下：

1. 清洁钻石。
2. 使钻石台面朝上，用肉眼和10倍放大镜观察内外瑕疵（观察内部瑕疵用暗域照明，观察外部用顶部照明）。
3. 从侧面观察钻石冠部、亭部、腰围各种特征。
4. 重复正面观察，对照分级表及其分级说明定级。

表3-1-4钻石净度分级对照表

中国	GIA	CIBJO/IDC/HRD	10 x 和肉眼观察
LC	FL IF	LC	10 x 观察无瑕
VVS1	VVS1	VVS1	10 x 观察有非常难发现的包体
VVS2	VVS2	VVS2	
VS1	VS1	VS1	10 x 观察有细小的瑕疵
VS2	VS2	VS2	
SI1	SI1	SI1	10 x 观察有明显的瑕疵
SI2	SI2	SI2	
P1	I1	P1	从冠部观察，肉眼可见瑕疵
P2	I2	P2	
P3	I3	P3	

图3S-1-18 Pt950铂金配钻祖母绿戒指

图3S-1-19 18K玫瑰金钻石吊坠

分级说明：

镜下无瑕级（LC）：

这种钻石即使是训练有素的鉴定师用10倍放大镜在钻石内外也找不到瑕疵。当底部有额外刻面，在正面看不到时或在腰围上有天然小晶面但没有超出腰的范围时不影响定为无瑕级。

图3S-1-20 18K玫瑰金钻石吊坠

极微瑕级（VVS）

钻石含有在10倍放大镜下非常难发现的细微包裹体，表面缺陷必须是极细微浮浅，并可用简单的抛光除去。细分为VVS_1和VVS_2，10倍放大镜极难发现瑕疵者为VVS_1，很难发现者为VVS_2。

图3S-1-21 18K金蓝宝石钻戒

微瑕级（VS）

钻石含有10倍放大镜不太难发现的细小包体、微小裂纹或细小棉绺。细分为VS_1和VS_2。

瑕疵级（SI）

钻石含有10倍放大镜容易发现的瑕疵，细分为SI_1和SI_2，其中易发现瑕疵者为SI_1，很易发现瑕疵者为SI_2。

重瑕疵级（P_1、P_2、P_3）

在10倍放大镜下，钻石的瑕疵极易发现，通常情况下肉眼从正面观察可见，不但影响钻石的坚固性，而且影响钻石的透明度和色散效果。细分为P_1、P_2、P_3。

图3S-1-22 18K玫瑰金钻石吊坠

实用鉴定时可用肉眼对钻石的净度先作大致的判断：肉眼可见瑕疵的可初步定为P级，肉眼仔细观察不见瑕疵者净度应在SI以上。在此基础上再用10倍放大镜仔细观察，准确划分净度。

图3S-1-23 18K玫瑰金钻石吊坠

4. 切工（cut）

钻石毛坯（宝石级金刚石）经过切磨才能成为钻石，因此，切磨质量直接影响钻石的价值。

钻石的基本琢型是圆型（腰围平面投影为圆形），毛坯只要能加工成圆型钻的都加工为圆钻，因此又把圆钻称为标准钻石型。圆钻由冠部、腰围和亭部三大部分构成，共有58个磨光面（小钻没有底面为57个面）（图3-1-2）。

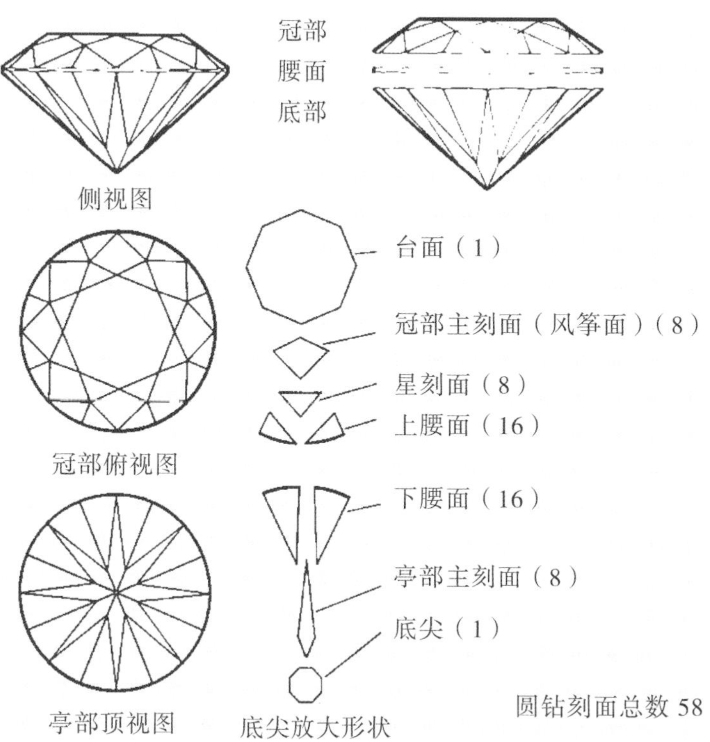

图3-1-2 圆钻分解图

为了使射入钻石内部的光最大限度地从台面反射出来，充分展示钻石美丽的色散特征（俗称“出火”），钻石的切磨比例有严格的规定。（图3-1-3　图3-1-4）

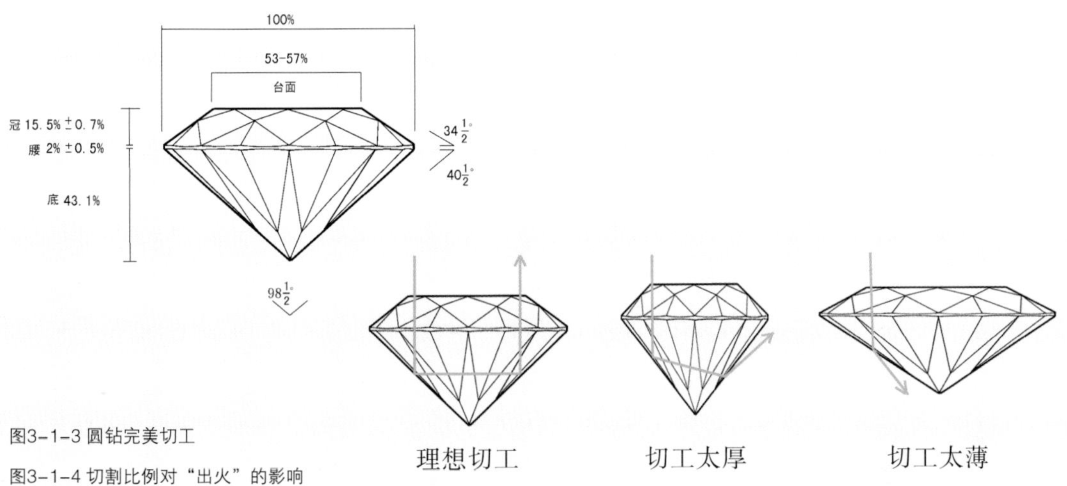

图3-1-3 圆钻完美切工

图3-1-4 切割比例对“出火”的影响

如果切割角度误差太大，就会造成漏光现象，影响钻石的“出火”效果。

切工质量评定主要考虑钻石各面、角的大小比例和对称性，同时要考虑抛光情况。

近年来又兴起一种新的钻石切工，称为八心八箭切工，所谓八心八箭是在具有特定切割比率的钻石中所观察到的一种光学现象（图3-1-5）。

图3-1-5 丘比特八心八箭切工

八心八箭是丘比特切工的代表作，丘比特切工对钻石毛胚要求很高，只有低台宽比和亭深比，并且对称性很好才能形成标准“八心八箭”现象。这种比例的钻石亮度相对弱些，而火彩相对比较好。但因为台面相对比较小，所以同样大小的原石会浪费得多一些。 八心八箭并非是最好的钻石切工。每个地区都有不同的喜好，美国喜欢明亮型的，台面相对偏大。欧洲则喜欢更多火彩，台面相对就小一些。

珠宝爱好者在购买钻石时不可能去测量各部位的角度和比例，钻石切工质量的直观评价主要是看钻石台面的“出火”效果。“出火”

好，切工就差不了，“出火”不好，切工肯定不会好。

“4C”原则是全世界公认的钻石评价依据，于是便有了依据“4C”评价结果制定的全世界统一的钻石价格。对于消费者来说，重量可以用克拉秤准确称出。切工也可根据反火效果衡量。但对于色级和净度的判断可能会有较大的误差。因为不同等级的差别是微小的，特别是相临等级之间的差别就更不明显。同一粒钻石在不同的检测机构可能会定出不同的等级。同一检测机构不同的评价师确定的级别也可能会出现微小的差异。甚至在同一家检测机构在不同的时间也会给出有差异的结果。然而不同色级和不同净度等级之间价格差异是很大的。所以，在购买钻石时，一方面要看证书上给出的等级和价格，另一方面要按照自己的喜好权衡重量、色级和净度不同等级对应的价格，选择性价比最高的“4C”搭配。

图3S-1-24 Pt950铂金配钻祖母绿戒指

图3S-1-25 18K金配钻绿碧玺戒指

第二节 红宝石和蓝宝石

PART2 RUBY AND SAPPHIRE

图3S-2-01 红宝石矿物晶体

红宝石和蓝宝石是世界公认的两大名贵彩色宝石。红宝石被誉为“爱情之石”，象征着美好、永恒和坚贞的爱情，也象征着高贵的气质和青春的活力，国际珠宝界把红宝石列为七月的生辰石。

蓝宝石象征着忠诚、坚贞和力量，被列为九月的生辰石。

一 红宝石和蓝宝石名称的含义

红宝石、蓝宝石名称的含义是随科学技术的发展不断完善和明确的。在古代，所谓红宝石包括了所有的红色宝石，既包括了红色刚玉，也包括了红色尖晶石、红色石榴石等其他红色宝石。我国清代把红宝石作为亲王和一品官的官顶。据查，这些官员帽顶上的红宝石重量都在100克拉以上，如果确实是红宝石，则非常珍贵。但据近代科学鉴定，大多数都是红色尖晶石，在现代不能称为红宝石。现代所称的红宝石是宝石级红色刚玉的专有名词，英文名称为Ruby。其他红色宝石，无论颜色怎样红、怎样美丽都不能称为红宝石，只能称为红色某某石。例如红色尖晶石、红色石榴石、红色锆石、红色电气石（或称红色碧玺）等。

图3S-2-02 18K玫瑰金红宝石戒指

古代的蓝宝石也泛指所有的蓝色宝石，后来演变为专指蓝色宝石级刚玉。近年来很多宝石专著中把蓝宝石名称的含义规定为：宝石级刚玉中除红色以外的其他各色统称为蓝宝石，包括蓝色、绿色、黄色、黑色和无色等。分别称为蓝色蓝宝石（简称蓝宝石）、绿色蓝宝石、黄色蓝宝石、黑色蓝宝石和无色蓝宝石。当同一颗蓝宝石上有两种以上颜色时称为多色蓝宝石或彩蓝宝石。

具有星光效应的红宝石和蓝宝石分别称为星光红宝石和星光蓝宝石。具有变色效应的蓝宝石称为变色蓝宝石。

珠宝界也有把红宝石和蓝宝石称为刚玉红宝和刚玉蓝宝的，与其他红色宝石和蓝色宝石以示区别。

二 红宝石、蓝宝石的主要产地

世界珠宝交易市场上的红宝石主要来自缅甸、泰国、斯里兰卡、阿富汗、巴基斯坦、越南、坦桑尼亚、肯尼亚、莫桑比克等国。蓝宝石主要来自泰国、澳大利亚、缅甸、斯里兰卡、印度、柬埔寨和中国。我国蓝宝石主要产在山东昌乐。

图3S-2-03 18K金红宝石戒指

不同产地的红宝石在颜色的色调上有差异，缅甸抹谷红宝石通常为鲜艳的玫瑰红——红色，珍贵的“鸽血红”红宝石就产于此地。泰国红宝石多呈暗红或棕红色，外观和铁铝石榴石相仿。斯里兰卡红宝石大多色浅，常呈粉红色，偶见大红，且透明度高。越南红宝石多带紫色调，常呈深浅不同的紫红色。阿富汗红宝石常带强烈的粉色调。坦桑尼亚、肯尼亚的红宝石多为带褐黄色调的暗红一紫红色。莫桑比克红宝石是近年来才发现的，颜色接近缅甸红宝石，且有大颗粒产出，被珠宝界公认为是红宝石的明日之星。

不同产地的蓝宝石颜色也各有特点，产于喀什米尔的纯正“矢车菊”蓝宝石在市场上已很难见到。缅甸蓝宝石又称为东方蓝宝石，颜色为略带紫的蓝色。印度、柬埔寨的蓝宝石颜色略深于缅甸蓝宝石，略带紫色调。斯里兰卡蓝宝石为略带灰的蓝色一浅紫蓝色，颜色分布不均，常见色带，光彩明亮。泰国蓝宝石颜色较深，常呈蓝紫和灰蓝色。中国和澳大利亚的蓝宝石色深，甚至呈蓝黑色。

图3S-2-04 18K金蓝宝石戒指

三 红、蓝宝石的物理性质

红宝石、蓝宝石都是宝石

级刚玉。刚玉的主要化学组成是Al_2O_3，由于含不同的微量杂质元素而呈现不同的颜色，派生出不同的宝石级变种。

1. 颜色

红宝石呈红色、深红-暗红色、玫瑰红-紫红色以及浅红色。不同产地的红宝石在颜色上略有差异。蓝宝石的颜色较为复杂，主要有蓝-浅蓝色、黄色、绿色、灰蓝色、极浅的粉红色以及粉色和橙红的综合色。其中最常见的是蓝色。不同产地的蓝色蓝宝石（简称蓝宝石）颜色略有差异，大致可分为两大类，一类是以铁为主要致色元素的深色蓝宝石，主要产在泰国、澳大利亚和中国。另一类是以钛为主要致色元素的浅色蓝宝石，主要产在缅甸、斯里兰卡、印度和柬埔寨。

值得特别提出的是蓝宝石家族中的一名特殊成员——帕德玛蓝宝石，又称为帕帕拉恰蓝宝石（Padparadscha），意思是“日落时莲花的色泽”，其颜色介于粉红色和橙色之间，故亦称为“水莲红蓝宝石”。由于这种颜色既特殊又高贵，故也有人把这种蓝宝石称为帝王蓝宝石。

图3-2-1 帕帕拉恰帝王蓝宝石

在斯里兰卡有一种乳白色半透明刚玉，称为“究达”（Geuda），根本达不到宝石级别，最初常用来铺垫装饰花坛。可就是这种不够级别并带有丝绢光泽的刚玉，经过热处理后可变为既透明、颜色又漂亮的蓝色蓝宝石。

2. 其他物理性质

刚玉属于三方晶系。玻璃光泽，折光率为1.76-1.77，双折射率0.008-0.010，色散0.018。硬度9，密度3.95-4.1g/cm^3。红、蓝宝石都有明显的二色性。

在长波紫外灯下红宝石发红—暗红色荧光。浅色蓝宝石发橙黄色荧光。深色蓝宝石无荧光。

宝石内常见绢丝状金红石包体和指纹状气液包体。当含密集纤维状或管状包体呈120° 交角时，将宝石琢成弧面，常具星光效应，称为星光红宝石或星光蓝宝石。

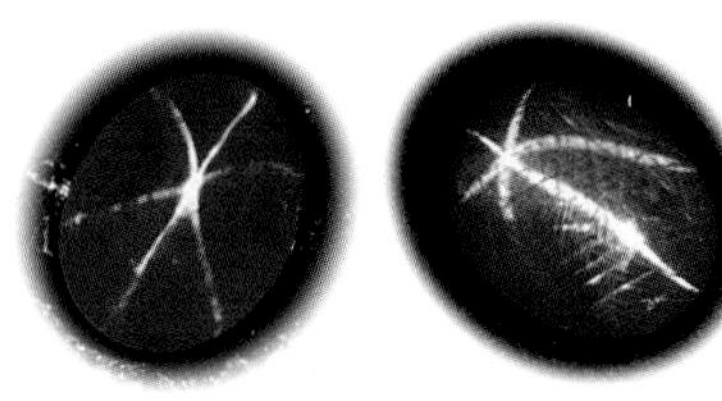

图3-2-2 星光红宝石戒面

四 红宝石与相似宝石的鉴别

红宝石以其特征的颜色、非均

质体、强二色性、中等折光率、低色散、低双折率、高硬度以及在长波紫外灯下发红色荧光为主要鉴定特征。

与红宝石相似的红色宝石主要有：红色尖晶石（俗称为大红宝石）、铁铝榴石、镁铝榴石、红色锆石、红色电气石（红碧玺）、红色立方氧化锆、粉红色黄玉和红色玻璃等。

表3-2-1红宝石和相似宝石特征对照表

宝石名称	光性	多色性	硬度	影像特征	荧光
红宝石	非均质	强	9	中环　双虹有重叠	红
红尖晶石	均质	无	8	中环　单虹	红
红石榴石	均质	无	7.5	中环　单虹	无
红锆石	非均质	弱	6.5	大环　双虹间隔大	无
红碧玺	非均质	强	7.5	小环　双虹间隔小	无
立方氧化锆	均质	无	8.5	大环　单虹	无
粉红色黄玉	非均质	弱	8	小环　双虹有重叠	无
红玻璃	均质	无	5	小环　单虹	无

图3S-2-05 星光蓝宝石耳坠

红色尖晶石是光学性质最接近红宝石的红色宝石，二者颜色非常接近，有时几乎完全一样。二者折光率也比较接近，影像环型相同；二者在长波紫外光下均发红色荧光，因此非常容易混淆。我国清代一品官的帽子上作为等级标志的“红宝石”多数均为红尖晶石。尖晶石与红宝石的主要区别有两点：一是光性（尖晶石为均质体，红宝石为非均质体），二是硬度（尖晶石为8，红宝石为9）。在众多的红色宝石中只有红宝石和红色尖晶石在长波紫外光照射下发红—暗红色荧光，据此，对于未知红色宝石可首先用长波紫外荧光灯（普通便携式验钞器）检查，不发红色荧光者肯定不是红宝石，发红色荧光者有可能是红宝石，也有可能是尖晶石。前者是非均质体，后者是均质体。在正常情况下只要用简易偏光

图3S-2-06 18K金蓝宝石戒指

图3S-2-07 18K玫瑰金红宝石吊坠

镜检测便可区分二者：红宝石在正交偏光片之间旋转360°出现四次消光和四次明亮，红色尖晶石为全消光。当尖晶石出现异常消光时可能会与红宝石混淆。此时再用二色镜便可准确地区分二者：红宝石有强的二色性，尖晶石没有二色性。

如果外出时手边没有偏光镜和二色镜，可以先用长波紫外灯（便携式验钞器）检测发光性，排除不发荧光的红色宝石，挑出发红色荧光的宝石，然后再对有红色荧光的红色宝石进行影像观察，单彩虹为尖晶石，双彩虹为红宝石。

铁铝榴石、镁铝榴石与某些红宝石的颜色很相像，它们的最大区别是光性：前二者为均质体，后者为非均质体，根据影像可准确区分（石榴石为单彩虹，红宝石为双彩虹）。用荧光法也可迅速区分（石榴石无荧光，红宝石为红色荧光）。另外根据硬度也可准确区分。

红色玻璃是人工制造产品，颜色可以与红宝石完全相同，由于玻璃是均质体，而且硬度很低，因此，根据硬度、光性或荧光很容易区分。

红色电气石、红色锆石也是非均质体，但二者的双折率大，（B-D）>1，表明双彩虹不重叠，而红宝石的（B-D）<1，双彩虹有部分重叠，与前二者易于区别。另外，锆石的折光率1.95，影像为大环型。电气石折光率为1.63，为小环型，红宝石为中环型，因此，根据环型也可迅速将它们区分。根据硬度和荧光同样可以区分锆石、电气石与红宝石。

粉红色黄玉也是非均质体，（B-D）也<1，双彩虹也有部分重叠，与红宝石类似。但黄玉折光率为1.63，属小环型；红宝石折光率1.76，为中环型，二者影像有差别。

图3S-2-08 18K金蓝宝石戒指

立方氧化锆色散度高，与红宝石易于区别。另外也可根据环型鉴别：立方氧化锆为大环，红宝石为中环，特征明显不同。

综上所述，红宝石的实用鉴定方法可归纳为三种：影像法、硬度法、荧光光性法或荧光二色性法。这三种基本方法互相穿插又可产生多种鉴定方法。

1. 影像法

此法仅适用于刻面宝石。红宝石的光学性质决定了红宝石是唯一具有中环型、双彩虹有部分重叠的红色宝石（表3-2-1），见到这种影像便可肯定是红宝石。

2. 硬度法

红宝石是红色宝石中唯一硬度为9的宝石。立方氧化锆硬度8.5，是人工合成品，价格很便宜。只要用待测红色宝石的边棱刻划立方氧化锆，划动者是红宝石，划不动者不是红宝石。此法适用于宝石毛料和各种琢型红宝石的鉴定，虽然准确，但属有损鉴定，对刻面宝石要慎用。万不得已使用时，切不可用立方氧化锆的尖棱去刻划红色宝石的台面，因为如果不是红宝石会留下划痕。

3. 荧光光性法或荧光二色镜法

此法对于鉴别红宝石最为简便，步骤为：对于未知红色宝石首先用长波紫外荧光灯检查，不发红色荧光者肯定不是红宝石，发红色荧光者有可能是红宝石，也有可能是尖晶石。前者是非均质体，后者是均质体，然后用偏光镜或二色镜将它们区分。如果外出时手边没有偏光镜和二色镜，可以先用长波紫外灯检测发光性，排除不发荧光的红色宝石，挑出发红色荧光的宝石，然后再对有红色荧光的红色宝石进行影像观察，单彩虹为尖晶石，双彩虹为红宝石。这种方法是荧光与影像的结合，可称为荧光影像法。

图3S-2-10 18K金红宝石戒指

图3S-2-09 18K玫瑰金红宝石戒指和耳钉

五 天然红宝石与人工合成红宝石的区分

天然红宝石与人工合成红宝石在光学性质、力学性质等方面完全一样，因此，根据物理性质（如：折光率、硬度等）是无法区分的。在实用鉴定中区分天然与合成品的主要方法有:

1. 包裹体法

从理论上讲，天然红宝石与合成红宝石最根本的区别是生长环境不同：前者形成于复杂的地质环境，后者生长于人为的简单环境。生长环境的不同具体表现为宝石内部包裹体的不同，这是区别二者最可靠的依据。

图3S-2-11 18K玫瑰金红宝石吊坠

人工合成红宝石的方法很多，主要有：焰熔法、助熔剂法和水热法，其中水热法最接近天然产物，助熔剂法次之。对于各种合成方法本书不作介绍，感兴趣的读者可查阅何雪梅、沈才卿的专著《宝石人工合成技术》。

不同方法合成的红宝石有不同的包体，区分它们需在专业性实验室进行，实用鉴定只需确定合成或天然，并不需要准确地查明合成方法。合成红宝石的共同特征是颜色鲜艳，且比较均匀，肉眼难以发现其中的包裹体。而目前珠宝首饰市场上大量出现的红宝石都或多或少地存在所谓“棉绺”，这些“棉绺”事实上就是沿一定方向（受晶体内部结构控制）分布的包体和内裂的组合，有时可见绢丝状金红石针状包体，有这些包体的红宝石是天然红宝石。

2. 荧光法

对于难以发现明显包体的天然红宝石可以用长波紫外灯来区分合成红宝石。实验研究表明：天然红宝石与合成红宝石在长波紫外灯下均发红色荧光，但合成红宝石更亮、更艳，有经验的鉴定人员比较熟悉这种差别，初学者最好事先准备一粒天然红宝石或人工合成红宝石作为对比参照物，鉴定时把待测宝石与参照宝石同放在紫外灯下进行对比，亮者为合成，暗者为天然。

图3S-2-12 18K金红宝石戒指

在实际工作中，有时价格也可作为鉴别天然品与合成品的依据，因为色泽艳丽、透明度高的红宝石价格是昂贵的，如果价格很低，一般来说不可能是天然的。

科学技术的发展使得合成红宝石的仿真性越来越好，目前市场上不仅有模仿高档红宝石的合成红刚玉，也有模仿中低档红宝石的合成红刚玉，这些仿中低档红宝石的合成品有很大的迷惑性，因为它们看起来并不是那么纯净，透明度也不是那么高，颜色纯正，紫外灯下也有红色荧光，外观极像中低档天然红宝石。对于这种合成红宝石只要透光一照，便可区分于天然红宝石：天然红宝石内部的包裹体分布是不均匀的，没有包体分布的部位是透明的，而这种合成的红刚玉内部的杂质分布就好像塞了一块海绵泡沫一样，非常均匀。

图3S-2-13 18K金红宝石吊坠

六 蓝宝石的鉴定特征和方法

1. 蓝宝石的主要鉴定特征

1）六边形生长带（线）。这种生长带（线）由宽窄不等、颜色深浅不同的条带或细线构成。完整的六边形在宝石戒面中不多见，常见的是六边形的某一部分。当只出现一边时，表现为平行条带或细线；出现两个以上的边时，表现为若干个120° 角的弯折（两个边时为一个角，三个边时两个角，四个边时为三个角……六个边为六个角）。

2）蓝宝石是硬度低于钻石、高于立方氧化锆唯一的蓝色宝石。

3）宽度不大，并有部分重叠的双彩虹影像。

4）常含绢丝状矿物包体和弥漫状气液包裹体。

5）强二色性：蓝和蓝绿（或绿）。

图3S-2-14 18K金蓝宝石戒指

2. 蓝宝石的鉴定方法

（1）硬度法

用待测蓝色宝石的腰棱刻划预先准备的立方氧化锆，划动者为蓝宝石，划不动者不是蓝宝石，这一方法很准确，但属有损检测，必须谨慎使用。

（2）影像多色性法

蓝宝石是非均质体，具有中等折光率和不大的双折率和色散度，表现出的影像特征是：宽度不大、并有部分重叠的双彩虹；另一显著特征就是强二色性（蓝和绿或蓝绿），表3-2-2列出的蓝色宝石中同时具备这两项特征的唯一蓝色宝石就只有蓝宝石，因此可以把这两项特征的组合作为蓝宝石鉴定的可靠依据。

（3）生长色带包体法

六边形生长线（包括平行生长线和120° 弯折生长线）是蓝宝石的显著特征，但并不是每粒蓝宝石都有明显的生长线，因此可以说：有六边形生长线的是蓝宝石，没有的不一定不是蓝宝石。

绢丝状金红石包裹体是天然成因的标志，并不是蓝宝石独有，也就是说：有绢丝状金红石包裹体的是天然蓝宝石，没有绢丝状金红石包裹体的未必不是蓝宝石。因此绢丝状金红石包裹体也只能作为蓝宝石的辅助判定标志。

图3S-2-15 渐变蓝宝石项链

图3S-2-16 18K金蓝宝石戒指

图3S-2-17 18K金蓝宝石耳钉

表3-2-2蓝宝石和相似宝石特征对比表

宝石名称	光 性	影像特征	硬度	多色性
蓝宝石	非均质	中环　双虹有重叠	9	蓝　蓝绿
蓝锥矿	非均质	中环　双虹分离	6.5	蓝　无色
蓝晶石	非均质	中环　双虹分离	4-6	深蓝　浅蓝
蓝尖晶石	均质	中环　单虹	8	无
坦桑石	非均质	中环　双虹有重叠	6.5	蓝　紫　绿
蓝锆石	非均质	大环　双虹分离	7.5	蓝　灰
蓝碧玺	非均质	小环　双虹分离	7.5	深蓝　浅蓝
堇青石	非均质	小环　双虹有重叠	7	蓝　黄　紫
蓝玻璃	均质	小环　单虹	5	无

七 蓝宝石与相似蓝色宝石的区分

与蓝宝石相似的蓝色宝石主要有：蓝锥矿、蓝晶石、蓝色尖晶石、坦桑石（黝帘石）、蓝锆石、蓝色电气石、堇青石和蓝色玻璃。

蓝宝石以影像的双彩虹与尖晶石和蓝玻璃的单虹相区别，以双彩虹的部分重叠与蓝锥矿、蓝晶石、锆石和电气石的双彩虹不重叠相区别。以强二色性（蓝和蓝绿或绿）与黝帘石（坦桑石）的强三色性（蓝和紫和绿）相区别。堇青石又称水蓝宝石，也称为穷人的蓝宝石，颜色很像蓝宝石。但堇青石折光率低，表现为小环型影像。蓝宝石为中环型。另外，水蓝宝石的多色性极为明显，肉眼轻易可见。

黄色蓝宝石与黄水晶在颜色上很相似，直观很容易混淆，根据影像特征很容易区分：黄色蓝宝石为中环，黄水晶为小环。

图3S-2-18 18K金金黄色蓝宝石戒指

帕帕拉恰帝王蓝宝石一切鉴定特征同红宝石，又以特征的颜色与红宝石相区别。

八 天然蓝宝石与合成蓝宝石的区分

天然蓝宝石与人工合成蓝宝石的物理性质没有差别，仅依据光学、力学物理数据是无法将二者区分的。

天然蓝宝石与人工合成品的主要区别有两点：

1. 六边形生长线（包括平直平行的生长纹以及呈120°的弯折生长纹）是天然蓝宝石独有的，只要见到这种生长纹，就可以判定为天然蓝宝石。
2. 绢丝状金红石包裹体或呈60°相交的内部棉绺也是天然品的特征，见到这种现象也可判定为天然品。

图3S-2-19 18K金蓝宝石吊坠

对于既没有生长线，又没有天然矿物包体或规则棉绺的纯净蓝宝石，要确定其天然性或合成性必须在实验室用高倍显微镜研究内部的显微包体才能有确切的结论。

图3S-2-20 18K金蓝宝石戒指

九 表层扩散蓝宝石

扩散蓝宝石是指用扩散（渗色）法加色的蓝宝石。这种加色法是把无色或颜色很淡的刚玉戒面，埋入配有铁和钛的Al_2O_3粉末中加热到1700–1800℃，使致色元素铁和钛在刚玉表层处于半熔融状态下进入晶格表层结构，给宝石穿上鲜艳的蓝色外衣。经过扩散加色的蓝宝石从台面上部观察时颜色非常悦目，而且“反火”特别好，与高档斯里兰卡蓝宝石和印度克什米尔蓝宝石非常相似。由于这种蓝宝石的母坯是天然刚玉，表层蓝色厚度仅有0.2至0.4毫米，因此，检测物理性质和用显微镜观察内部结构和包裹体都是天然蓝宝石的特征，又由于致色元素是进入晶格的，所以也不会自然退色，在珠宝交易中常常以假乱真，被不法商人用来蒙骗消费者。

图3S-2-21 18K金蓝宝石戒指

扩散加色蓝宝石的主要鉴定特征是：

1. 清楚的蓝色轮廓

把扩散蓝宝石台面朝下平放在白纸上，可以发现原来从正面观察为艳蓝色的蓝宝石，此时除轮廓为深蓝色外，其余部分色很淡，特别是用光照射宝石内部时，颜色显得更淡，表明颜色只是在表层。

2. 花斑状刻面

经过扩散加色的蓝宝石必须重新抛光，但由于重新抛光的不均匀，会造成不同刻面、甚至同一刻面不同部位颜色深浅不一，呈不太明显的花斑状。这种现象表明颜色仅限于表面极薄的范围内，抛光重的部位色浅，抛光轻的部位色层相对厚，颜色略深。

3. 无色腰围边

在扩散加色的热处理过程中，刻面交棱和腰围边常常由于过分熔融而烧结，加色后重新抛光时对这些部位不得不加重抛光，使得这些部位仅有0.2至0.4毫米厚的色层几乎完全被磨掉，漏出其本来无色或色很浅的原形。因此，透光观察腰围时若发现有这种近于无色的棱边，可以肯定是经扩散加色的蓝宝石。

用扩散法也可形成星光蓝宝石，不过这种星光仅限于宝石表面，和天然星光蓝宝石差别还是比较明显的。

图3S-2-22 18K金蓝宝石戒指

十 人造星光红、蓝宝石及其鉴别

当天然红、蓝宝石中含有大量的针状金红石（成分为TiO_2）包体沿刚玉晶格规则排列（针状包体沿三个方向互呈60° 交角排列）时，若垂直刚玉晶体延长方向切割琢成弧面宝石，此时在半球状宝石表面会出现六射星光（相交于一点的三条光线，好像是从交点发出的六道星光），具有星光效应的红、蓝宝石称为星光红、蓝宝石。

图3S-2-23 18K金星光红宝石戒指

在人工合成红、蓝宝石时，若在Al_2O_3粉中混入一定比例（约0.1-0.3%）的TiO_2，待宝石合成后，需将合成好的宝石再次加热，在一定的高温区间内稳定数日，使其中的TiO_2能充分地与Al_2O_3化合呈片状钛酸铝（Al_2TiO_5），并沿晶格规则排列，将这种人造刚玉加工呈半球形宝石，其表面可出现明显的星光效应，称为人工合成星光红、蓝宝石。

星光红、蓝宝石与合成星光红、蓝宝石的区别主要有四点：

1. 星光效应的透入性不同

天然星光宝石的星光亮线像是从内部发出的，自然美观，称为

"活星光"。合成宝石的星光浮在表面，显得呆板，可称为"呆星光"。

2. 星线粗细均匀程度不同

天然星线往往粗细不够均匀，星线交汇处明显变粗，形成一个较粗的亮斑。而人工合成宝石的星线粗细均匀，交汇处星线粗细没有明显变化。

图3S-2-24 18K玫瑰金红宝石花戒指

3. 包裹体结构不同

天然星光红、蓝宝石的针状金红石包体较粗大，10倍放大镜下明显可见。人造星光红、蓝宝石的钛酸铝包体呈片状或细小针状，用10倍放大镜看不到单个晶体，整个宝石在外观上呈云雾状，内部呈毡状。

4. 生长线不同

透明度较好的天然星光红、蓝宝石常有平行线状生长纹或呈120° 弯折角的生长纹。合成星光红、蓝宝石透明度差，且没有这种生长纹。

十一 铍扩散红、蓝宝石

近年来在泰国研究出一套对红、蓝宝石改色处理的新工艺，就是在1800° C高温的氧化条件下对红、蓝宝石进行铍（Be）扩散处理，扩散深度不仅局限于表面，而且可达整个宝石晶格内部，所以又称为体扩散。用这种方法不仅可以得到黄、橙黄色蓝宝石，而且可以把无色蓝宝石变成颜色鲜艳纯正的蓝宝石，也可把颜色很深的中国和澳大利亚产的蓝宝石变为浅色蓝宝石，还可以把颜色不好的红宝石处理成颜色纯正的玫瑰红、鸽血红宝石。传统的热处理方法只能对宝石颜色进行部分的有限的改善，而这种铍扩散方法却可让无色或颜色本来很差的宝石生成美丽动人的颜色，这种方法不仅可以改变宝石整体的颜色，而且可以愈合宝石内部的裂隙。经过这方法处理的红、蓝宝石流入市场，无疑会给消费者以及整个市场带来巨大的影响。对于这种红、蓝宝石，肉眼和普通仪器是无能为力的，必须借助于质谱仪这类大型仪器才能识别。所以，当你遇到色泽美丽、价格特别低的红、蓝宝石时，千万别有捡漏心理，一定要认真观察，实在难以鉴别时，要求商家出具有资质检测部门签发的证书。

图3S-2-25 18K金黄蓝宝石戒指

图3S-2-26 18K金红宝石耳坠

图3S-2-27 18K金蓝宝石耳坠

十二 红宝石、蓝宝石的评价

关于红、蓝宝石的评价和分级，目前国际上没有像钻石分级那样的统一标准，但不同地域也各有标准，例如美国宝石学院（GIA）的彩色宝石分级系统、泰国亚洲珠宝学院（AIGS）的彩色宝石分级系统以及香港欧阳秋眉女士的分级标准等。这些方案尽管还没有得到世界彩色珠宝业的广泛接受，但每个方案都有各自的合理性和实用性。事实上各套分级系统都是从宝石的颜色、净度、切工和重量等四个方面对宝石进行评价，类似钻石评价的“4C”标准，只是结合红、蓝宝石的具体特征赋予不同的含义。

颜色是影响彩色宝石价值很重要的因素。颜色的评价主要包括：纯度、浓度、鲜艳程度和均匀程度。纯度是看颜色是否纯正，是否含有其他色调，杂色越重质量越差。红宝石常见颜色有：纯红色、玫瑰红色（红色微带紫色调）、红色微带褐色调、紫红色、褐红色。其中以前二者为佳。蓝宝石常见颜色有：矢车菊蓝（微带紫的靛蓝色）、纯蓝色或纯靛蓝色、微带绿色调的蓝色、绿蓝色、微带灰色调的蓝色、灰蓝色。其中以前二者为佳。浓度是指颜色的浓淡或深浅程度，颜色太深和太浅都不太好。鲜艳程度与颜色的纯度密切相关，当正色中含有灰色或褐色调时，颜色就会变暗，使鲜艳程度下降。蓝宝石中含微量紫色调时会提高其明度，使蓝宝石更鲜艳。均匀程度是指颜色分布是否均一，是否有其他色斑存在，色带是否明显等。

图3S-2-28 18K金红宝石耳坠

与无色透明钻石相比，红、蓝宝石的净度分级没有那么严格，以不影响宝石美观和坚固程度为原则。

切工评价主要考虑切割的定向性、比例和对称性以及抛光程度等。定向性可直接影响宝石的颜色，因为红、蓝宝石都具强的二色性，只有当台面严格垂直C轴（晶体生长延长的方向）时，颜色才会纯正，否则会带有不同程度的杂色。判断方法是：从不同方向观察宝石颜色，如果台面方向颜色最好，那就说明定向性好，如果不是台面方向最好，那就说明切割定向性不好。切割比例和对称性以“反火”效果是否好作为判定依据。

星光红宝石和星光蓝宝石的切工评价主要看星光位置是否居中，偏离越多质量越差。

图3S-2-29 18K金红宝石耳钉

粒度或重量直接影响红宝石和蓝宝石的价格，5X7mm的刻面红、蓝宝石的标准重量是1克拉。1克拉以下红、蓝宝石为小粒；1-3克拉蓝宝石为中粒；3-5克拉的蓝宝石为大粒，价格较高；大于5克拉为特大粒，价格很高。对于红宝石而言，颜色纯正、透明度高、切工好、重量在2克拉以上的纯天然红宝石价格极其昂贵。

最后说一下热处理对于评价的影响。按现行国标的规定，对红、蓝宝石的热处理属于优化，经过热处理的红、蓝宝石可以作为天然宝石出售，不必特意说明。如果两粒颜色、净度、切工和重量一样的红宝石，一粒未经加热处理，一粒经过热处理，那粒未经热处理的价值要高于经过热处理的。如果经过热处理的那粒红宝石的颜色、净度好于未处理的那粒，那经过处理的价值要高于未处理的。也就是说，只有在所有条件都相仿的情况下，热处理才会对宝石的价值有影响。

第三节　祖母绿

PART3　　EMERALD

祖母绿娇嫩柔和的翠绿色，青翠悦目，代表郁郁葱葱的春天和大自然的美景，被誉为“绿宝石之王”，国际珠宝界把祖母绿作为五月的生辰石，象征着忠诚、善良和仁慈。

图3S-3-01 祖母绿矿物晶体

一　物理性质和产地

祖母绿的矿物名称是绿柱石，而绿柱石家族中的宝石变种不仅只有祖母绿，还有海蓝宝石、摩根石、金绿柱石和红绿柱石等，这些变种是由于绿柱石中含有不同的微量元素而显现不同的颜色所形成不同的宝石，含铬和钒的宝石级绿色绿柱石就是祖母绿，含亚铁离子的淡蓝绿色宝石级绿柱石就是海蓝宝石。含铷、铯和锰的粉红色绿柱石就是摩根石。绿柱石的化学表达式为$Be_3Al_2(Si_2O_6)_3$。由于祖母绿是世界公认的、也是广大珠宝爱好者所熟悉的名贵宝石，所以把祖母绿从绿柱石家族中抽出来单独介绍，目的是加深、加重祖母绿的名贵色彩。

图3S-3-02 祖母绿矿物晶体

祖母绿的主要产地有：哥伦比亚、巴西、津巴布韦、赞比亚、印度、巴基斯坦和俄罗斯西伯利亚等，我国近年来在云南和新疆也发现祖母绿矿床。

祖母绿呈深浅不同的翠绿色、绿色、黄绿色和蓝绿色，其中以翠绿色为最佳。不同产地的祖母绿颜色略有差异：哥伦比亚祖母绿为浅—深翠绿色，深翠绿色有时带蓝色调。巴西祖母绿为浅黄绿色和绿色。俄罗斯祖母绿为略带黄色调的翠绿色。非洲赞比亚祖母绿颜色较深，为暗绿、灰绿或蓝绿。坦桑尼亚的祖母绿为黄绿—蓝绿。南非和印度祖母绿为浅—深绿色。巴基斯坦祖母绿为蓝绿或暗绿。阿富汗的祖母绿则为淡绿—淡蓝绿。

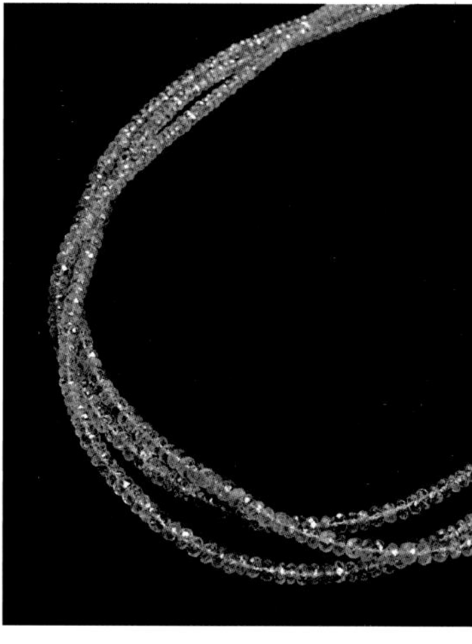

图3S-3-03 祖母绿项链

祖母绿为透明—半透明，玻璃光泽，具有弱二色性，折光率1.56-1.60，双折射率0.005-0.009，色散度为0.014。硬度7.5，密度2.630-2.90g/cm^3。祖母绿性脆裂多、包体多。

哥伦比亚、巴西及俄罗斯的祖母绿，用查尔斯滤色镜观察大多为粉红—暗红色。产于非洲和亚洲印度、巴基斯坦的祖母绿，在查尔斯滤色镜下大多为绿色或灰绿色。但也发现巴西产的祖母绿在查尔斯滤色镜下并不变红，同时也发现赞比亚产的祖母绿中也有在查尔斯滤色镜下变红的。所以，依据查尔斯滤色镜下是否变红或泛红的程度只能反映祖母绿中含铬的多少，不能作为判断祖母绿产地的直接依据，只能作为一个辅助判别标志。

图3S-3-04 祖母绿戒面

二　祖母绿的鉴定特征

祖母绿最显著的特征有四个：

1. 青翠悦目的颜色，给人以大自然美的享受，只有优质翡翠才能达到这种颜色。
2. 裂多、包体多的内部。没有裂纹、没有包体的天然祖母绿极为罕见，常见祖母绿可以说是“十有九裂”。
3. 小环型、双彩虹局部重叠的影像特征。

表3-3-1 祖母绿和相似宝石特征对照表

宝石名称	光性	影像特征	滤色镜	硬度
祖母绿	非均质	小环 双虹有重叠	红或绿	7.5-8
沙弗莱	均质	中环　单虹	红	7-7.5
铬透辉石	非均质	小环　双虹分离	绿	5.5-6
翠榴石	均质	大环　单虹	红	6.5-7
绿碧玺	非均质	小环　双虹紧挨	绿	7
铬绿碧玺	非均质	小环　双虹紧挨	红	7
绿蓝宝	非均质	中环　双虹有重叠	绿	9
绿磷灰石	非均质	小环　双虹有重叠	绿	5
绿萤石	均质	小环　单虹	绿	4
绿玻璃	均质	小环　单虹	绿	5
翡翠	非均质	无	绿	6.5-7

在实用鉴定中，祖母绿没有一测即定的绝招，唯一可行的就是根据其鉴定特征逐一对比、综合判定。

图3S-3-05 Pt900祖母绿戒指

三 祖母绿与相似绿色宝石的区分

和祖母绿外观相似的绿色宝石主要是：沙弗莱（钙铝榴石的一种）、翠榴石、绿色电气石、铬透辉石、绿色萤石、绿色蓝宝石、绿柱石熔融玻璃、淡蓝绿色磷灰石和翡翠等。

诸多绿色宝石中颜色最接近祖母绿的是绿色翡翠，特别是当祖母绿琢成素面（半球型）时更易混淆。二者的本质区别是：祖母绿是单晶，翡翠是微晶一细晶集合体。因此，用简易偏光镜很迅速便可将二者分开，前者用正交偏光镜观察时有明暗变化，旋转360° 会出现四次明亮四次消光；而后者在正交偏光镜中始终保持明亮，无论怎样旋转，也不会有明暗变化。

沙弗莱、翠榴石、绿色萤石和绿柱石熔融玻璃都是均质体，与祖母绿的区别方法有两种：一是用偏光镜，均质体在正交偏光镜中为全消光，无论怎样旋转都不会亮；二是用影像法，均质体为单彩虹，祖母绿为有部分重叠的双彩虹。

祖母绿与绿色电气石和铬透辉石的主要区别是双折率和二色性。祖母绿影像为部分重叠的双彩虹。绿色电气石和铬透辉石的影像为不重叠的双彩虹。二者很易区别。绿色电气石和铬透辉石的多色性较强（绿和浅绿），祖母绿在一般情况下二色性较弱，只有在颜色较深时才有明显的二色性（浅黄绿、蓝绿）。祖母绿与绿色蓝宝石的主要区别是折光率和二色性。前者折光率1.56-1.60，其影像为小环型，后者折光率为1.76-1.77，中环型，差别比较明显。绿色蓝宝石有较强的二色性，祖母绿较弱，易于区别。

浅蓝绿色磷灰石与浅翠绿色祖母绿的主要区别是硬度、颜色。磷灰石硬度是5，祖母绿是7.5，差别较大，表现在抛光程度上差别也较大：硬度大者光亮，小者较差。如果对光亮程度的感性缺少经验，可以用待测绿色宝石的腰棱刻划普通玻璃，祖母绿划得动，磷灰石则划不动。二者在颜色上的区别是：磷灰石的蓝色调比较重。

图3S-3-06 18K金祖母绿花戒

图3S-3-07 18K金祖母绿戒指

四 天然祖母绿与合成祖母绿的区分

祖母绿的合成方法甚多，目前市场上出现的合成祖母绿多为俄罗斯水热法生成，这种合成祖母绿和天然祖母绿的区分主要依据内部结构和包裹体。主要有三方面：

1. 裂纹与包体

天然祖母绿很难找到用肉眼看不到裂纹和包体的成品，而合成祖母绿一般是完美无瑕的。

2. 查尔斯滤色镜观察

天然祖母绿在查尔斯镜下为粉红、暗红色或灰绿色。人工合成祖母绿为亮红色。

3. 透光看构造

俄罗斯水热法合成的祖母绿在透射光下用30倍放大镜可看到清楚的水波纹或锯齿状构造，天然祖母绿偶见直线或折线状生长纹，与合成祖母绿差别明显。完美无瑕的天然祖母绿极为珍贵，最好送到国家级专业检测机构进行确认。

图3S-3-08 Pt900祖母绿戒指

五 祖母绿的优化处理及其鉴别

对祖母绿的优化处理可归为三大类：浸注处理、染色处理和覆膜处理。

浸注处理按其注入材料的不同分为：浸无色油、浸有色油和树脂充填处理。

浸无色油是传统的优化方法，按现行国标是属于优化的范围，不必特意说明。所以，在国检的祖母绿检测证书中是看不出是否经过浸无色油处理的。但在国际上更高一些的检测机构（比如：GIA、GRS）对祖母绿的检测证书中就会对浸油量的多少作出界定。

浸有色油等于给宝石外加了颜色。树脂充填更是有外来物质的加入。商家有责任和义务向购买者说明。鉴别是否浸油只要把宝石稍稍加热，看是否有油珠渗出便可知晓，或将宝石放入水中，用放大镜观察裂隙中油被光照产生的干涉色也可判断。对于树脂填充只要在反射光下看宝石表面是否有蛛网状充填物便可知晓。对于染色处理祖母绿的观察也和树脂填充一样，看颜色分布是否呈蛛网状。

图3S-3-09 Pt900祖母绿吊坠

覆膜处理的方式有两种：一是在成品首饰的底部衬垫一层绿色锡铂或薄膜，另一种就是在无色绿柱石表面用高科技的方法生长薄薄一层（一般厚度小于0.5mm）祖母绿。对于衬底，只要用放大镜认真观察就能察觉。对于表层的再生祖母绿可从下列两点鉴别：一是由于表层祖母绿很薄，所以很易产生交织网状裂纹，用放大镜可观察到。另一特点就是在棱角处颜色明显加深。

图3S-3-10 18K金祖母绿链牌

六 祖母绿的评价

评价钻石的“4C”原则同样适用于祖母绿，只不过具体内容有所不同。祖母绿没有高折光率，也没有明显的色散，更没有晕色，它之所以受到人们喜爱，并成为六大明贵宝石之一，主要是由于祖母绿美丽、柔和、悦目的颜色。因此，评价祖母绿时，首要标准就是颜色，其次是净度、重量和切工。重量和切工的评价与其他宝石类同。

祖母绿的颜色分为四级：AAA级是艳绿色，AA级为亮绿色，A级为浅绿色，B级为淡绿色。不同色级价格相差很大。一般情况下，相临色级之间价格相差40-50%。

在颜色、净度、重量和切工相同的条件下，没有浸油的祖母绿价值要高于浸油的祖母绿，浸油少的价值要高于浸油多的；重度浸油的几乎没有收藏价值。

有一种特殊的祖母绿称为达碧兹祖母绿，其特征是在绿色的祖母绿晶体中间有暗色的核和放射状的臂，主要由碳质和钠长石组成，有时含少量方解石、黄铁矿。这种祖母绿主要产在哥伦比亚和巴西。由于形态结构特殊，而且产量稀少，所以既有观赏价值，又有收藏价值。

另外，祖母绿的矿晶标本也越来越受到人们的喜爱。

图3S-3-11 18K金祖母绿耳坠

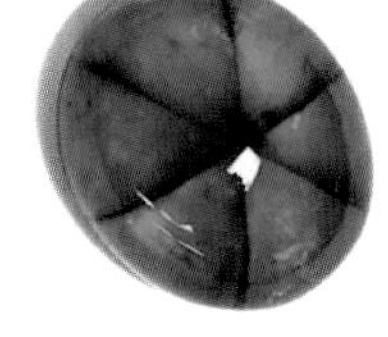

图3S-3-12 达碧兹祖母绿

图3S-3-13 祖母绿矿物晶体

第四节　变石和金绿猫眼

PART4　ALEXANDRITE AND CHRYSOBERYL

金绿宝石是欧洲五大名贵宝石之一，因金黄绿色的外观而得名，又因特殊的猫眼效应和变色效应而闻名。

普通金绿宝石主要产在巴西、马达加斯加和美国。变石主要产地是俄罗斯、斯里兰卡。猫眼石的主要产地是斯里兰卡。

一　物理性质

图3S-4-01 金绿宝石矿物晶体

变石和金绿猫眼（简称猫眼石）的矿物学名称都是金绿宝石（又称金绿玉），变石是具有变色效应的金绿宝石。猫眼石是具有猫眼效应的金绿宝石。有变色效应的金绿猫眼极为珍贵。

金绿宝石（金绿玉）是一种天然产出的铍铝酸盐矿物，化学表达式为$BeAl_2O_4$。棕黄色、绿黄色或黄绿色，透明—不透明，玻璃光泽，非均质体。具三色性：绿、橙黄和紫红色。折光率1.746-1.755，双折率0.008-0.009，色散度0.015。硬度8.5，密度3.71-3.75g/cm^3 。变石在查尔斯滤色镜和长波紫外灯下均为暗红色。绿色、黄色金绿宝石在滤色镜下不变色，在长波紫外灯下无荧光。猫眼效应是由于含有平行密集排列的绢丝状金红石包体造成的。变色效应是由于矿物对光的选择性吸收造成的。

二　变石的鉴定特征及与相似宝石的区分

图3S-4-02 变色金绿猫眼戒指（左: 日光灯下　右: 白炽灯下）

变石又名亚力山大石，在阳光（或日光灯）下为绿色、黄绿色、蓝绿色，在白炽灯下为红色、紫红色、暗红色、褐红色。所以有人把变石称为“白天的祖母绿，夜间的红宝石”。变石的变色效应是由于金绿宝石对七色光中不同色光选择性吸收造成的：吸收光谱表明，变石对红光吸收很弱，对绿光基本不吸收，而对其他色光的吸收却很强。因此，在绿光成分较多的阳光或日光灯下为绿色，在红光成分较多的白炽灯或烛光下为红色。

变石的主要鉴定特征是变色效应的颜色。有变色效应的宝石还有：变色蓝宝石（包括人工合成变色蓝宝石）、人工合成变色尖晶石、变色萤石、天然变色镁铝榴石、锰铝榴石和合成变石。

表3-4-1变石和相似宝石特征对照表

宝石名称	光性	日光灯	白炽灯	多色性	硬度
变石	非均质	绿色调	红色调	绿 橙黄 紫红	8.5
变色蓝宝石	非均质	蓝紫	紫红	蓝 绿	9
变色尖晶石	均质	灰蓝	蓝紫	无	8
变色石榴石	均质	绿色调	暗红	无	7.5
变色萤石	均质	蓝	紫	无	4

图3S-4-03 金绿猫眼戒指

变石与变色蓝宝石（含合成品）、变色合成尖晶石的主要区别是在阳光或日光灯下的颜色：变石在日光下的基本色调是绿，或呈蓝绿，或呈黄绿。变色蓝宝石和尖晶石在日光下的基色是蓝和紫。

变色镁铝榴石、锰铝榴石的变色效应特征与变石极为相似：在阳光下呈黄绿、暗绿色，在白炽灯下为暗红色。仅根据颜色很难将它们与变石区别。但变石是非均质体，三色性也极为明显（绿色、橙色和紫红色），镁铝榴石和锰铝榴石为均质体，没有多色性。据此，可用偏光镜和二色镜将它们区分。

变色萤石在日光灯下为蓝色，白炽灯下为紫色。

人工合成变石的光学性质、力学性质和天然变石相同，区分二者的主要依据是包体和荧光。天然变石在长波紫外光下有弱红色荧光。合成变石有强红—橙色荧光。天然变石可见拉长状和纤维状包体。合成变石纯净，有时可见未熔粉末或铂金碎片。

图3S-4-04 白炽灯下（左）和日光灯下（右）的变石戒面

三 猫眼石的鉴定特征及与相似宝石的区分

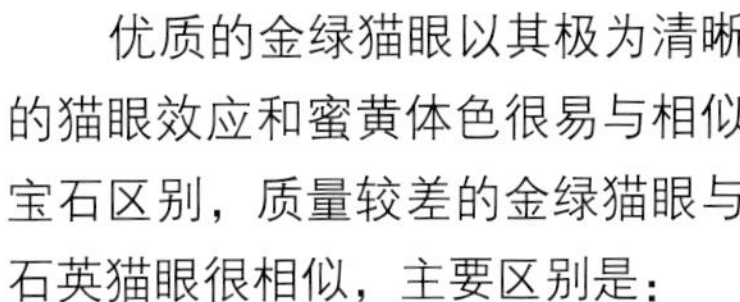

“猫眼石”是金绿宝石猫眼（具有猫眼效应的金绿宝石）的习惯称呼或简称，已被宝玉石界公认。对于具有猫眼效应的其他宝石不能直呼“猫眼石”，必须冠以这种宝石（或矿物）的名称，例如：具有猫眼效应的电气石、绿柱石、石英、木变石等，都不能称为“猫眼石”，应分别称为电气石猫眼、绿柱石猫眼、石英猫眼、木变石猫眼等。

金绿猫眼的主要鉴定特征是：

1. 猫眼效应非常清晰，即使在漫射光下也很清晰，弧面上的活光亮而细。
2. 用单光源从猫眼石的一侧照射时，靠近光源一侧为蜜黄色，另一侧为乳白色。
3. 弱—较明显的三色性：淡黄色、绿黄色和无色。
4. 摩氏硬度8.5，划不动人造刚玉（摩氏硬度9），能划动人造尖晶石（摩氏硬度8）。

图3S-4-05 白炽灯下（左）和日光灯下（右）的变石戒面

与金绿猫眼容易相混的宝石主要有：褐黄色石英猫眼、木变石猫眼和褐黄色人造玻璃纤维猫眼。

优质的金绿猫眼以其极为清晰的猫眼效应和蜜黄体色很易与相似宝石区别，质量较差的金绿猫眼与石英猫眼很相似，主要区别是：

1. 重感不同。金绿猫眼密度3.71-3.75g/cm^3，石英密度2.66g/cm^3，放在手掌上的感觉明显不同。
2. 多色性不同。金绿猫眼为三色性，石英猫眼为弱二色性。
3. 硬度不同。以猫眼的腰棱刻划人造尖晶石，金绿猫眼能划动，石英猫眼划不动。

金绿猫眼与木变石猫眼主要以纤维的粗细不同相区别：木变石是一种硅化石棉，是石棉被SiO_2交代生成的，它保留了石棉的纤维状结构，变石棉为石英。这种纤维状结构比较粗大，纤维之间的界线肉眼可辨，有时表现为宽窄不同颜色略有差异（褐色、褐黄色、棕黄色、绢黄色等）的色带；金绿猫眼结构细微，肉眼难以分辨其内部平行密集排列的管状包体。

图3S-4-06 猫眼戒指　图3S-4-07 猫眼戒指

金绿猫眼与玻璃纤维猫眼的主要区别有三点：

1. 重感不同，玻璃纤维猫眼手感很轻，与金绿猫眼明显不同。
2. 猫眼效应有差异，金绿猫眼只有一条亮线，玻璃纤维猫眼往往有2–3条亮线。
3. 从玻璃纤维猫眼侧面观察（在强透射光下）有清楚的蜂巢状结构。

四 变石和猫眼石的评价

变石以美丽的颜色和变色效应明显为最佳。

猫眼石的评价主要看三个方面：

1. 猫眼效应的明显程度：弧面上的活光越细越亮越佳。
2. 宝石各部分比例适中，左右对称，使亮线居于宝石正中，左右移动不变形。
3. 体色以棕黄（蜜黄）色为最佳，次为淡黄绿色，再次为白黄色和白绿色，最差是灰色。

在自然界，猫眼效应和体色都好的金绿宝石极为罕见，常常是猫眼效应好但体色却达不到蜜黄色，或者是体色好但猫眼效应却不够理想。在这种情况下应首选猫眼效应好的，在此基础上再选择体色尽量好一些的。

集变色和猫眼效应为一身的变石猫眼极为稀少，尤为珍贵。

图3S-4-08 变石戒指 白炽灯下（左） 日光灯下（右）

第五节　石榴石

PART5　　GARNET

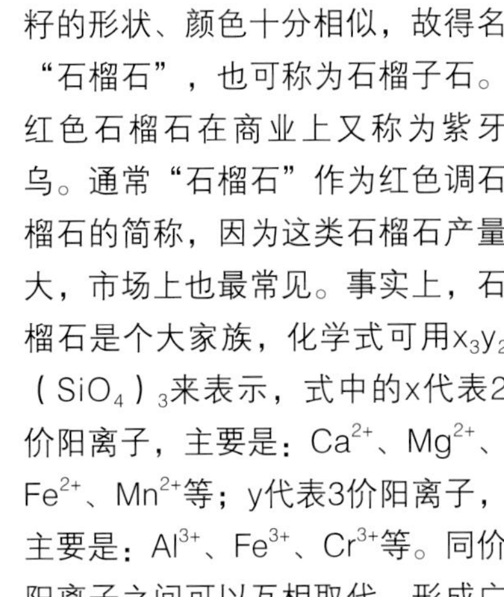

石榴石既是宝石名称，又是矿物名称。由于石榴石的晶体与石榴籽的形状、颜色十分相似，故得名“石榴石”，也可称为石榴子石。红色石榴石在商业上又称为紫牙乌。通常“石榴石”作为红色调石榴石的简称，因为这类石榴石产量大，市场上也最常见。事实上，石榴石是个大家族，化学式可用$x_3y_2(SiO_4)_3$来表示，式中的x代表2价阳离子，主要是：Ca^{2+}、Mg^{2+}、Fe^{2+}、Mn^{2+}等；y代表3价阳离子，主要是：Al^{3+}、Fe^{3+}、Cr^{3+}等。同价阳离子之间可以互相取代，形成广泛的类质同象。

图3S-5-01 石榴石矿物晶体

自然界的石榴石按其化学组成可分为两个系列：铝系列和钙系列。

铝系列主要包括：镁铝榴石（$Mg_3Al_2(SiO_4)_3$）、铁铝榴石（$Fe_3Al_2(SiO_4)_3$）、锰铝榴石（$Mn_3Al_2(SiO_4)_3$）。

钙系列主要包括：钙铝榴石（$Ca_3Al_2(SiO_4)_3$）、钙铁榴石（$Ca_3Fe_2(SiO_4)_3$）、钙铬榴石（$Ca_3Cr_2(SiO_4)_3$）。

事实上，自然界很少见到上述两个系列中的端元矿物，所见多为同价阳离子相互替换的类质同像体，例如：镁和铁可以任意比例互相取代，形成既非典型的镁铝榴石、又非典型铁铝榴石的过渡性石榴石。目前市场上所称的酒红石榴石、蓝莓石榴石均属这类。在珠宝市场中“最狂野、最具原始气息”的沙弗莱就是含铬（Cr）和钒（V）的钙铝榴石。

石榴石被作为1月的生辰石，象征着忠实、友爱和贞洁。

图3S-5-02 Pt950沙弗莱戒指

石榴石的主要产地是：南非、俄罗斯乌拉尔、斯里兰卡、马达加斯加、坦桑尼亚、美国、巴西、墨西哥、印度和中国。

图3S-5-03 925银石榴石戒指

一 石榴石的物理性质

1. 颜色

石榴石的颜色丰富多彩，除蓝色外的其他颜色均可出现，不同品种的石榴石颜色不同，镁铝榴石（$Mg_3Al_2(SiO_4)_3$）为比较纯正的红、紫红、黄红、玫瑰红，因而又称为红榴石；铁铝榴石（$Fe_3Al_2(SiO_4)_3$）颜色多带褐色调，常见褐红、暗红；锰铝榴石（$Mn_3Al_2(SiO_4)_3$）颜色多带橙色调，常见橙红和橙黄；含铬、钒的钙铝榴石为绿色（沙弗莱），含铁的钙铝榴石为褐黄色（称为桂榴石）。含铬的钙铁榴石为绿色、黄绿色（翠榴石）。纯净的钙铁榴石为黑色（黑榴石）。钙铬榴石为翠绿色。

2. 其他物理性质

石榴石为等轴晶系，常形成菱形十二面体或四角三八面体。无解理，强玻璃-亚金刚光泽，透明至半透明，无二色性，无双折射，偶尔会出现异常双折射。各种石榴石的折光率和密度各有不同，其中铁铝榴石折光率较低，一般为1.72－1.80，钙铁榴石（翠榴石）较高，可达1.89，色散度除翠榴石为0.057外，其余一般为0.024－0.028；硬度6－7.5，其中翠榴石为6－7，其余7－7.5；密度3.6－4.3g/cm^3。

3. 特殊光学效应

含钙和铬的镁铝榴石、锰铝榴石有变色效应，其特征是：在日光灯下为绿色、黄绿色或暗绿色，在白炽灯下为紫红色。

有些含密集针状金红石包裹体的铁铝榴石有星光效应。绿色石榴石（沙弗莱、翠榴石、钙铬榴石）在查尔斯滤色镜下呈红-粉红色。

图3S-5-04 925银石榴石戒指

二 红色石榴石的鉴定特征及与相似宝石的区分

自然界很少出现纯铁铝榴石或纯镁铝榴石，常见它们的类质同像体。当铁含量较高时颜色发暗，褐色调重。当镁含量较高时玫瑰色调重，褐色调减弱，即为市场上所称的蓝莓石榴石。红色调石榴石以其特征的颜色、较高的折光率、强玻璃—亚金刚光泽、均质体、单折射、无二色性、较高的硬度为鉴定特征。

与铁铝榴石和镁铝榴石相似的宝石主要有：泰国产的部分红宝石、红尖晶石、红锆石、红碧玺、红玻璃。

图3S-5-05 925银石榴石吊坠

石榴石与红宝石的区别主要依据光性、影像彩虹及荧光等特征（见第二节的表3-2-1），实际操作时并不需要把所有的特征收集齐全，只需找出前述诸特征中任一特征即可将二者区分。例如：用偏光镜确定均质体、非均质体即可判定均质体为石榴石；用荧光灯（长波）看其荧光性即可判定无荧光者为石榴石。同样，用影像法观察单彩虹者为石榴石。

石榴石与尖晶石都是均质体，用偏光镜无法区分。刻面影像都是中环单红，虽有差别，但经验少者难以判断。区分二者主要依据下列三点：一是颜色，石榴石颜色无论深浅总是带有褐色调或玫瑰色调，而尖晶石一般带有灰色调（艳红色除外）；二是荧光性，在长波紫外灯下尖晶石为红色荧光，石榴石无荧光；三是光泽，石榴石的强玻璃光泽—亚金刚光泽与尖晶石的玻璃光泽有明显差别。

石榴石与红锆石、红碧玺的主要区别是光性和影像特征。石榴石是均质体，锆石和碧玺都是非均质体，用正交偏光即可区分。当石榴石出现异常消光时，可根据影像特征区分：石榴石为单彩虹，锆石和碧玺都是双彩虹，前者双虹间隔大，后者双虹紧挨。

石榴石与红色玻璃可根据影像环型和光泽相区别。刻面石榴石为中环型，玻璃为小环型；石榴石强玻璃光泽—亚金刚光泽，表面光洁度高，玻璃为典型的玻璃光泽，硬度小，光洁度差。

综上所述，从诸多相似宝石中鉴别刻面石榴石的最佳方法是——影像荧光法。即：首先对宝石进行影像观察，中环单彩虹者只有石榴石和尖晶石。再用长波紫外灯一照，有红色荧光者为尖晶石，无荧光者是石榴石。鉴别素面或圆粒状石榴石的最佳方法是光泽光性荧光法，即：先看光泽，再看光性，最后看紫外荧光，强玻璃光泽—亚金刚光泽、均质体、无荧光者即为红色石榴石。

图3S-5-06 925银石榴石戒指和耳钉

三　锰铝榴石鉴定特征及与相似宝石的区分

锰铝榴石以其特征的橙色色调（橙红、橙黄）与其他石榴石相区别。与锰铝榴石相似的宝石主要是锆石和火欧泊。

锆石以明显的双折射与石榴石相区别：刻面锆石影像特征为

明显的不重叠双彩虹，石榴石为单彩虹。

火欧泊透明度好时可磨成刻面宝石，刻面火欧泊用影像法很容易与锰铝榴石区分：欧泊为SiO_2球粒集合体，很难看到轮廓清晰的影像，石榴石为轮廓清晰的中环形。素面火欧泊与锰铝榴石主要靠颜色分布特征相区别：石榴石剔透，火欧泊总是笼罩着一层朦胧的乳光，另外火欧泊的颜色往往分布不均匀。

四 绿色石榴石及与相似宝石的区分

绿色调石榴石包括含铬和钒的钙铝榴石（沙弗莱）、含铬钙铁铝石（翠榴石）和钙铬榴石。

沙弗莱石（Tsavorite）产自肯尼亚的一个以沙弗命名的国家公园，它的矿物名称为钙铝榴石，因含有微量的铬和钒元素，娇艳翠绿，赏心悦目。致色元素以钒为主时为黄绿色。以铬为主要致色元素时为翠绿色，有时微带蓝色调。以铬为主含少量钒时为微带黄色调的绿色。一些珠宝大师称：沙弗莱是珠宝市场里“最狂野并最具原始气息”的宝石，因为目前市场上还没有任何针对它的处理手段。沙弗莱越来越受到广大珠宝爱好者的喜爱，直接动摇着祖母绿在绿色宝石中的王者地位。

翠榴石是含铬的钙铁榴石，以特征的马尾状包体以及高色散（0.057）与沙弗莱相区别。钙铬榴石虽然美丽，但颗粒小，产量少，大于1克拉的翠榴石在珠宝市场上很难见到，难怪优质大粒翠榴石价格比同等大小的钻石还贵！

绿色石榴石以颜色、均质体、无二色性、中高折光率（中-大环形的影像）及滤色镜观察泛红为主要鉴定特征。

与绿色石榴石相似的宝石主要有：祖母绿、铬透辉石、绿色锆石、绿色电气石、橄榄石、绿色蓝宝石、绿色玻璃。

绿色石榴石以均质体、无二色性、单彩虹影像与所有的绿色非均质宝石相区别。以影像的中—大环型和用滤色镜观察泛红与绿色玻璃相区别。

综上所述，绿色石榴石的鉴定方法可归纳为光性滤色镜法。具体操作为：先用偏光镜或二色镜或影像观察确定光性，如为非均质体即可否定，如为均质体，再用查尔斯滤色镜观其颜色，如为红—粉红色，同时考虑影像的中—大环型特征，即可确认为绿色石榴石，进一步再根据色散强弱（彩虹的宽窄）判别是否翠榴石。

市场上见到的沙弗莱大多较小，大颗粒（超过一克拉）的沙弗莱很稀少，在首饰设计中沙弗莱多

图3S-5-07 Pt950沙弗莱戒指

图3S-5-08 沙弗莱戒指和吊坠

用于群镶或做配石。一些不法商人常用颜色极为相近的铬透辉石冒充沙弗莱，由于颗粒小，很难观察影像，用简易偏光镜和二色镜观察也比较困难，此时最简便、最迅速、最有效的鉴别方法就是用查尔斯滤色镜观察，滤色镜下泛红者是沙弗莱，不变者为铬透辉石。提醒一下：观察时一定要用暖光照明。

五 桂榴石的鉴定特征及与相似宝石的区分

褐黄色钙铝榴石称为桂榴石，又名肉桂石。由于褐黄色是因为含铁造成的，故也称为铁钙铝榴石。桂榴石以其特征的颜色与其他石榴石相区别。其主要鉴定特征还有：光性均质体、中等折光率（1.73－1.75）、中等色散（0.028）和较高的硬度（7－7.5）。

与桂榴石容易混淆的宝石主要有褐黄色黄玉、褐黄色锆石、黄色蓝宝石和黄玻璃。

桂榴石以其在正交偏光中表现为均质体与黄玉和锆石相区别；另外还可以根据影像特征与黄玉和锆石相区别（桂榴石为单虹、黄玉和锆石为双虹）；桂榴石以中环型影像与玻璃相区别。

图3S-5-09 925银石榴石戒指

六 石榴石的评价

石榴石的透明度一般较高，在切工和重量相当的前提下，石榴石的价值主要取决于颜色：翠绿色、绿色、黄绿色、红色、橙红色、橙黄色、浅褐红色、褐黄色、深褐红色、深褐色，价值依次降低。

图3S-5-10 石榴石矿物晶体

第六节　碧玺

PART6　　Tourmaline

碧玺以其丰富的色彩、艳丽的颜色和坚硬的质地越来越受到人们的喜爱，特别是碧玺和“避邪”产生的谐音更加重了人们对它的青睐。

图3S-6-01 18K玫瑰金碧玺戒指

碧玺的矿物学名称是电气石。电气石是自然界成分最复杂的矿物之一，颜色种类繁多，有红、黄、蓝、绿、褐、黑及各种过渡色，还有无色或多色电气石，但达到宝石级能称为碧玺的品种却只有为数不多的几种，主要有：红色、蓝色、绿色、黄色碧玺和多色碧玺，有猫眼效应的电气石称为碧玺猫眼。

碧玺象征着平安、祥和、希望，和欧泊并列为十月的生辰石。

碧玺的主要产地有：巴西、美国、斯里兰卡、马达加斯加、坦桑尼亚、缅甸、俄罗斯和中国的新疆、云南和内蒙古。其中巴西米纳斯克拉斯州所产的彩色碧玺占世界总产量的50%以上。在巴西的帕拉伊巴州还发现了罕见的紫罗兰色、蓝色、蓝绿色碧玺。美国则以优质粉红色碧玺而著称。俄罗斯乌拉尔的优质红碧玺被称为“西伯利亚红宝石”。我国新疆、云南和内蒙古的碧玺种类多，色彩丰富且粒度大。

图3S-6-02 Pt950绿碧玺戒指和帕拉依巴碧玺吊坠

一　碧玺的物理性质

碧玺的色彩极为丰富，而且非常艳丽，按其种类大致可划分为红色、蓝色、绿色和多色四个系列，红色系列主要有红色、粉红色、玫瑰红色、桃红色；绿色系列主要有绿、黄绿、黄和蓝绿；蓝色系列主要有蓝、蓝紫，其中1989年在巴西才被发现的蓝绿色碧玺被称为帕拉依巴碧玺，由于产量稀少、颜色特殊，价格十分昂贵，在欧美和日本的珠宝市场上，这种蓝—蓝绿色帕拉依巴碧玺的售价，都在每克拉两万美金以上。翠绿色的铬绿碧玺主要产在巴西，产量稀少，市场上很少见到。多色碧玺是在矿物晶体上有多种颜色共存，而且这些颜色之间多为渐变过渡。内部为红色、外部为绿色的二色碧玺称为西瓜碧玺。

各种碧玺均为玻璃光泽，透明度高，即使有时含较多的包裹体，但看起来仍然比较透明，包裹体对碧玺的透明度影响较小。碧玺为非均质体，二色性明显（一般表现为某种颜色的深色和浅色）。折光率1.62–1.64，双折射率0.018，色散度0.017。硬度7–7.5。密度3.06–3.26g/cm^3。

一些绿色碧玺常含较多的密集平行排列的纤维状包体，琢成弧面可见猫眼效应，称为碧玺猫眼。

碧玺有明显的压电性和热电性，即矿物晶体受力或受热后在晶体两端产生电极效应，一端为正电，另一端为负电，能把附近灰尘和纸屑吸过来，电气石的名称也由此而得。

图3S–6–03 925银碧玺耳钉

二 碧玺的鉴定特征及与相似宝石的区分

碧玺的主要鉴定特征是：较高的透明度（即使含包裹体明显时也有较高的透明度），较低的折光率，较高的双折射率和较低的色散度。刻面宝石的影像特征表现为：小环型、双彩虹、两个彩虹不重叠但间隔很小，单个彩虹的宽度不大。刻面碧玺的这种独特的影像特征是实用鉴定中判定碧玺的主要依据。

与红色调碧玺容易相混的宝石主要有红宝石、红色尖晶石、红色石榴石、红色锆石、摩根石（粉红色绿柱石）、粉红色黄玉、红色立方氧化锆、浅紫色水晶等。人工仿冒品主要是红色玻璃。

碧玺以其小环型、双彩虹不重叠的影像特征，区别于单彩虹的尖晶石、石榴石、立方氧化锆和红色玻璃，区别于双彩虹局部有重叠的红宝石、粉红色绿柱石、粉红色黄玉和浅紫色水晶。以双彩虹的间隔小和单个彩虹宽度不大区别于双彩虹间隔大、单个彩虹宽度大的红色锆石（表3–6–1）。

表3-6-1 红色碧玺与相似宝石特征对照表

宝石名称	光性	荧光	影像特征	硬度
红碧玺	非均质	无	小环 双虹分离	7.5
红宝石	非均质	红	中环 双虹有重叠	9
红尖晶石	均质	红	中环 单虹	8
红石榴石	均质	无	中环 单虹	7.5
摩根石	非均质	无	小环 双虹有重叠	7.5
粉红色黄玉	非均质	无	小环 双虹有重叠	8
浅色紫晶	非均质	无	小环 双虹有重叠	7
红锆石	非均质	无	大环 双虹分离	7
立方氧化锆	均质	无	大环 单虹	8.5
红玻璃	均质	无	小环 单虹	5

图3S-6-04 18K金碧玺戒指和链牌

容易与绿色碧玺相混的主要是祖母绿、绿色石榴石、绿色萤石、绿色蓝宝石、绿色玻璃等。同样，碧玺以双彩虹区别于单彩虹的石榴石、萤石和玻璃，以双彩虹不重叠区别于双彩虹部分重叠的绿色蓝宝石、祖母绿（见第三节 表3-3-1）。

与蓝色碧玺相似的主要是蓝宝石、蓝色尖晶石、蓝色锆石和蓝色玻璃。同鉴别其他颜色的碧玺一样，碧玺以双彩虹区别于蓝色尖晶石和蓝色玻璃，以双彩虹不重叠区别于双彩虹部分重叠的蓝宝石，以双彩虹之间的小间隔区别于大间隔的蓝色锆石（见第二节 表3-2-2）。

与多色碧玺易混的是多色萤石，有时二者的颜色很相似，主要区别有五点：

1. 多色萤石的颜色中常含紫色，碧玺无紫色；
2. 萤石为均质体，偏光镜下为全消光；碧玺为非均质体，偏光镜下旋转360° ，出现四次明亮四次消光；
3. 萤石影像为单彩虹，碧玺影像为不重叠的双彩虹；
4. 萤石有明显的解理纹，碧玺没有明显的解理纹；
5. 萤石无二色性，碧玺有二色性。

图3S-6-05 碧玺吊坠

图3S-6-06 帕拉依巴碧玺耳钉

三 碧玺的评价

碧玺的价值主要取决于颜色和重量，同时考虑净度和切工。

翠绿色的铬碧玺被称为“碧玺之王”，产量稀少，一般只有1－3克拉，10克拉以上非常稀少，价格昂贵。

帕拉依巴碧玺由于产量稀少，颜色特殊，价格十分昂贵。

其他碧玺中颜色最佳者是红色和蓝色，黄色和绿色比较常见。无论哪种颜色，都是越纯正、越鲜艳价值越高。重量的价值是不言而喻的，3克拉以下碧玺极为常见，价格便宜。3－14克拉在市场上也比较多，价格适中，15克拉以上的碧玺价格就比较昂贵了，大粒的多色碧玺也很罕见，价值也很高。

近年来，矿物晶体标本收藏越来越引起人们的注意，碧玺丰富的色彩和完好的晶形成为矿标收藏者的首选。

图3S－6－07 18K玫瑰金碧玺吊坠

图3S－6－08 碧玺矿物晶体

第七节　尖晶石

PART7　　SPINEL

尖晶石既是宝石名称，又是矿物名称。尖晶石矿物中能作为宝石的主要是镁尖晶石，化学表达式为$MgAl_2O_4$。由于含少量铁、锌、锰、铬等不同杂质元素而呈现各种颜色。在自然界红色尖晶石常与红宝石共生，而且颜色很接近，常被误认为是红宝石。在我国清代，作为一品官顶的所谓“红宝石”经检测大部分是红色尖晶石。为了表示红色尖晶石与红宝石这两种宝石既相像、又不同的特点，常把红色尖晶石称为“大红宝石”，以示与红宝石区别。

尖晶石的主要产地是缅甸、柬埔寨、泰国、尼日利亚等。

图3S-7-01 红色尖晶石矿物晶体

一　尖晶石的物理性质

尖晶石有多种颜色，常见的是红色、玫瑰红色、粉红色、蓝色、紫红色、紫色、绿色、灰色等，除红色外，其他各色尖晶石都带有不同程度的灰色色调。

尖晶石一般透明度较高，玻璃光泽，均质体，折光率1.71–1.73，色散度0.020。有时会出现异常双折射现象，但无二色性。密度3.58–3.61g/cm^3。常含较多的气液包裹体和天然矿物包体。

红色（包括玫瑰红色、粉红色、紫红色、紫色、褐红色等）尖晶石在长波紫外灯下发红色、粉红色或暗红色荧光。变色尖晶石在日光灯下为蓝色，在白炽灯下为紫色。

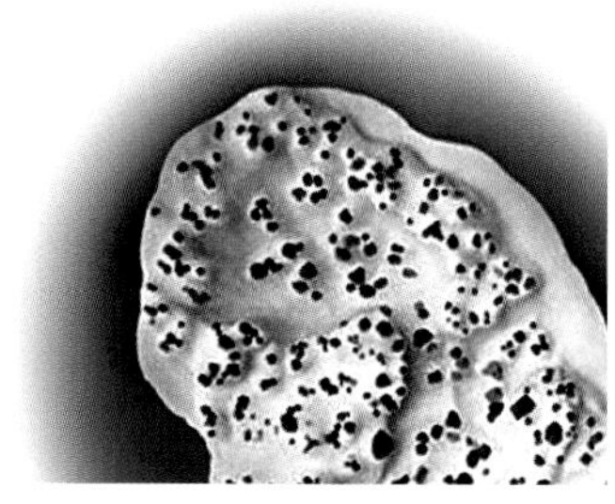

图3S-7-02 红尖晶石（红）和浅闪石（绿）

图3S-7-03 尖晶石矿物晶体

图3S-7-04 尖晶石矿物晶体

二 尖晶石的鉴定特征及与相似宝石的区分

尖晶石的主要鉴定特征是：颜色带灰色色调（红色除外）、均质体、无二色性、中等折光率、较低的色散度和较高的硬度，以及红色尖晶石在长波紫外灯下发红色荧光。

1. 红色尖晶石的鉴别

与红色尖晶石易混的有：红宝石、红色石榴石、红色锆石、红色碧玺、粉红色黄玉、红色立方氧化锆和红色玻璃。从诸多红色宝石和人工仿冒品中鉴别尖晶石的最有效方法有三种，一是影像荧光法，二是荧光二色性法，三是荧光影像法。

（1）影像荧光法

在众多的红色宝石和仿制品中，具有中环型、单彩虹影像特征的只有尖晶石和石榴石。它们以中环型区别于小环型的电气石、黄玉和玻璃，区别于大环型的立方氧化锆；以单彩虹区别于红宝石和红色锆石的双彩虹。红色尖晶石与红色石榴石都是均质体，影像特征都是中环型、单彩虹，最有效、最简便的区分方法就是长波紫外灯，发红色荧光者为尖晶石，无荧光者为石榴石（见第二节表3-2-1）。

图3S-7-05 18K金尖晶石吊坠

（2）荧光二色性法

在众多红色宝石及仿冒品中，只有红宝石和红色尖晶石在长波紫外灯下发红色荧光。因此，对于红色宝石只要用长波紫外灯一照，发红色荧光者，不是红宝石便是红色尖晶石，然后用肉眼从不同方向或用二色镜检测多色性，无二色性者是红色尖晶石。

（3）荧光影像法

用长波紫外灯检测红色刻面宝石，对于发红色荧光者再观察其影像特征，单彩虹者为红色尖晶石。

有些红色稀土玻璃折光率与尖晶石接近，其影像特征也表现为中环型、单彩虹。如有荧光灯可直接区分。如果手边无荧光灯可根据硬度鉴别，因为稀土玻璃硬度只有5，而尖晶石硬度为8，二者差别

图3S-7-06 18K金红尖晶石耳钉和项链

较大，用硬度为7的合成水晶一试便知。另外从抛光程度也可看出，硬度高者光泽强，硬度低者反光程度差。

2. 蓝色尖晶石的鉴别

与蓝色尖晶石易混的主要是蓝宝石、蓝色玻璃，其次还有蓝锥矿、蓝晶石、坦桑石、蓝色锆石、蓝色电气石等。从诸多蓝色宝石中鉴别蓝色尖晶石的方法主要有两种，一是影像法，二是二色镜法。

（1）影像法

蓝色尖晶石是蓝色宝石中唯一具有中环型、单彩虹影像特征的宝石（见第二节表3-2-2），它以单彩虹区别于所有的双彩虹宝石，包括蓝宝石、蓝锥矿、蓝晶石、蓝色电气石、蓝锆石、坦桑石和海蓝宝石等。蓝色玻璃也是单彩虹，但普通玻璃是小环型（折光率1.47），与蓝色尖晶石的中环型易于区别。稀土玻璃折光率有的与尖晶石相当，也为中环型，但稀土玻璃的色散度较大，表现为彩虹宽度较大。另外玻璃硬度小，表面光洁度差，与尖晶石差别较明显。

图3S-7-07 18K金红尖晶石戒指

（2）二色镜法

在诸多天然蓝色宝石中只有尖晶石是均质体，仿制品蓝色玻璃也是均质体。其余均为具强多色性的蓝色宝石，用肉眼从不同方向观察，或用二色镜检测，无二色性者可能是尖晶石，也可能是玻璃，然后再根据硬度或色散鉴别。

三 天然尖晶石与合成尖晶石的区分

实用鉴定主要依据颜色和包体进行。

1. 颜色，天然尖晶石除红色外均带灰色调，合成品颜色既浓又艳。

2. 包体，天然尖晶石一般都含气液包裹体和天然矿物包体，肉眼观察（或放大镜）常见白色棉绺。合成尖晶石一般均很纯净。

四 尖晶石的评价

尖晶石的评价仍然遵循“4C”原则，即：颜色、净度、重量和切工，净度、重量、切工同其他透明宝石一样，这里不再重复；就颜色而论，价值最高的是红色，其次为玫瑰红色、紫红色尖晶石，红色越纯正，价值越高。

图3S-7-08 18K金蓝尖晶石吊坠

第八节　橄榄石

PART8　PERIDOT

橄榄石被称为“太阳的宝石”，象征着和平和美满，为8月份的生辰石。

橄榄石既是宝石名称，也是矿物名称。橄榄石矿物是一种镁、铁硅酸盐，化学表达式为：$(Mg,Fe)_2SiO_4$。宝石级橄榄石是含少量铁的镁橄榄石。

世界著名的橄榄石产地有埃及、缅甸、美国、巴西、墨西哥、印度、哥伦比亚、俄罗斯等，中国的橄榄石主要分布在河北、吉林、内蒙古和山西等地。

图3S-8-01 925银橄榄石戒指

一　物理性质

橄榄石的颜色为黄绿色、微带黄的绿色、淡绿黄色，颜色随矿物中铁含量的升高而加深。黄绿色、淡绿黄色橄榄石称为贵橄榄石。橄榄石透明，玻璃光泽，非均质体，多色性不太明显。折光率1.65-1.69，双折率0.035-0.038，色散度0.020。硬度6.5-7.0，密度3.27-3.48g/cm^3。

二　橄榄石的鉴定特征及与相似宝石的区分

橄榄石的主要鉴定特征是：柔和的带黄的绿色，非均质体，较高的双折率。其影像特征为小环型、双彩虹、两彩虹间隔大、单彩虹宽度不大（表3-8-1）。

表3-8-1橄榄石和相似宝石特征对照表

名称	光性	颜色	多色性	影像特征
橄榄石	非均质	黄绿	弱	小环　双虹分离
电气石	非均质	绿	强	小环　双虹紧挨
锆石	非均质	绿-褐绿	弱	大环　双虹分离
石榴石	均质	绿　黄绿	无	中环　单虹
金绿宝石	非均质	褐黄	明显	中环　双虹有重叠
铬透辉石	非均质	绿-深绿	弱	小环　双虹分离
硼铝镁石	非均质	褐绿	强	小环　双虹分离
玻璃	均质	黄绿	无	小环　单虹

图3S-8-02 18K金橄榄石吊坠

图3S-8-03 18K金橄榄石耳坠

易与橄榄石相混的宝石及仿冒品主要有：黄绿色电气石、绿色锆石、黄绿色石榴石、褐绿色金绿宝石、铬透辉石、微绿色或褐绿色硼铝镁石以及黄绿色玻璃。

从表3-8-1可以看出，橄榄石与电气石的最大差别是多色性和双折率。因此，区分二者的方法有两点，一是二色镜法，二是影像法（橄榄石双彩虹分离间隔大，电气石双彩虹分离间隔很小）。

橄榄石与锆石的最大差别是折光率和色散：橄榄石为小环型，锆石为大环型。橄榄石的双彩虹中的每个单彩虹宽度小，锆石双彩虹中的每个单彩虹宽度大，约是橄榄石的2倍。

橄榄石与石榴石和玻璃的差别是光性，前者为非均质体，影像为双彩虹，后二者是均质体，影像为单彩虹。

橄榄石与金绿宝石的最大差别是双折率，影像特征。前者为双彩虹分离，后者为双彩虹有重叠。

橄榄石与铬透辉石的区别有两点：一是颜色（橄榄石为亮黄绿色，铬透辉石为暗绿色），二是双折率，表现为橄榄石双虹间隔是铬透辉石的二倍。

硼铝镁石与橄榄石的折光率、双折率和色散度均很接近，因此，

图3S-8-04 925银橄榄石戒指和吊坠

图3S-8-05 925银橄榄石戒指

用影像法很难将二者区分。区分硼铝镁石与橄榄石主要依据颜色和多色性：橄榄石的颜色为亮黄绿色；硼铝镁石为带褐色调的绿色。橄榄石多色性弱；硼铝镁石多色性强（浅褐、暗褐和微绿）。

综上所述，在诸多相似宝石和仿冒品中鉴别橄榄石的最有效方法是：影像多色性法。

图3S-8-06 925银橄榄石戒指

三 橄榄石的评价

橄榄石以色绿、内净、工好、粒大为佳品。我国河北产的橄榄石颜色为微带黄色调的绿，内部洁净，属于上品，市场上河北产的橄榄石已不多见。目前市场上出现的橄榄石主要是吉林蛟河所产，黄色调比河北万全橄榄石略淡，绿色调略重。市场上大颗粒橄榄石并不多见，一般在3克拉以下，3-10克拉比较少见，10克拉以上更为罕见。

图3S-8-07 925银橄榄石吊坠

第九节　海蓝宝石

PART 9　AQUAMARINE

图3S-9-01 海蓝宝石矿物晶体

海蓝宝石以淡雅、优美的天蓝色赢得人们的喜爱，是幸福和永葆青春的标志，被定为三月的生辰石。

海蓝宝石的主要产地有：巴西、马达加斯加、美国、俄罗斯、缅甸、印度、坦桑尼亚和阿根廷等国。我国海蓝宝石的主要产地是新疆、内蒙古、云南等地。

一　物理性质

海蓝宝石和祖母绿都是绿柱石家族的成员，是除祖母绿之外最珍贵的绿柱石宝石，由于含亚铁离子使宝石呈浅蓝色、蓝绿色-绿蓝色，一般颜色较浅。黄色绿柱石经热处理可变为鲜艳的海蓝色，与天然产出的海蓝宝石难以区分。热处理还可以去除海蓝宝石的绿色调，使其颜色更艳丽。按现行国标，对海蓝宝石的热处理属于优化，不必特意注明。

海蓝宝石为玻璃光泽，折射率1.58，双折率0.009，色散0.014，二色性表现为深浅不同的海蓝色。硬度7.5-8,密度2.67-2.9g/cm^3。海蓝宝石在长波紫外灯下无荧光，在查尔斯滤色镜下为艳蓝色或蓝绿色。

二　海蓝宝石的鉴定特征和方法

海蓝宝石以其天蓝色（或淡天蓝色）、玻璃光泽、透明度高、低折光率、低双折率、低色散以及在查尔斯滤色镜下呈艳蓝绿色或艳蓝色为主要鉴定特征。

鉴定海蓝宝石最简单、最迅速的方法是滤色镜法，把混有海蓝宝石的众多蓝色、淡蓝色宝石置于白炽灯下或阳光直射条件下，用查尔斯滤色镜观察各种宝石的颜色，除海蓝宝石呈艳蓝或艳蓝绿色外，其他宝石或为粉红色，或为灰蓝、灰绿色，即使是颜色很淡的海蓝宝石也不例外。

图3S-9-02 18K金海蓝宝石戒指

三 海蓝宝石与相似淡蓝色宝石的区分

和海蓝宝石容易混淆的宝石主要有：蓝黄玉（蓝托帕石）、蓝色锆石、人造蓝色尖晶石、蓝色玻璃。其中最相似的是蓝黄玉（包括天然蓝黄玉和人工改色蓝黄玉）。

蓝黄玉与海蓝宝石的光学性质极为接近，区分的最有效方法是滤色镜法（表3-9-1），淡蓝色黄玉（天空蓝托帕）在查尔斯滤色镜下为粉红色或淡橘黄色，改色重的蓝黄玉为灰蓝或灰绿色。海蓝宝石在滤色镜下为鲜艳的蓝绿色，二者区别极为明显。

表3-9-1海蓝宝石与相似宝石特征对照表

宝石名称	光性	滤色镜	影像特征	硬度
海蓝宝石	非均质	艳蓝绿	小环　双虹有重叠	7.5
蓝黄玉	非均质	粉或灰	小环　双虹有重叠	8
蓝尖晶石	均质	粉红色	中环　单虹	8
蓝色锆石	非均质	灰绿色	大环　双虹分离	7
蓝磷灰石	非均质	灰绿色	小环　双虹有重叠	5
蓝色玻璃	均质	灰绿色	小环　单虹	5.5

图3S-9-03 18K金海蓝宝石戒指和耳钉

蓝色尖晶石（含人工合成品）和蓝色玻璃都是均质体，影像特征为单彩虹。海蓝宝石为非均质体，影像特征为有局部重叠的双彩虹。用影像法可区分外观与海蓝宝石相似的均质体宝石和人工仿冒品。

蓝色锆石为高折光率、高双折率、中等色散的宝石，其影像特征是：大环型、双彩虹、两彩虹间隔较大、单个彩虹宽度较大。海蓝宝石是小环型、宽度小并有重叠的双彩虹。用影像法很易区分。

四 海蓝宝石的评价

海蓝宝石一般净度均较高。其价值主要取决于颜色和重量。颜色呈较深蓝绿色的价格要大大高于淡蓝绿色的海蓝宝石，就重量而言，市场上多见的是5克拉以下，而10克拉以上的海蓝宝石也不太多见，所以价格较高。

五 其他宝石级绿柱石

图3S-9-04 18K金摩根石戒指和耳坠

绿柱石家族中除祖母绿、海蓝宝石外，还有些变种可达宝石级，主要有黄色、粉红色，分别称为黄色绿柱石和粉红色绿柱石（摩根石）。黄色绿柱石又称金色绿柱石，呈绿黄、棕黄、黄褐、金黄、柠檬黄，除天然黄色绿柱石外，无色绿柱石经热处理可形成漂亮的金黄色绿柱石，颜色稳定，与天然黄色绿柱石难以区分。粉红色绿柱石又称摩根石，是以美国一位著名金融家的名字命名的，颜色有粉红、浅紫红—浅橙红、玫瑰红和桃红色，有明显的二色性，表现为浅粉色和蓝粉色，紫外光下有淡紫红色荧光。摩根石除纯天然色外，也可由橙黄色绿柱石经热处理生成，二者难以鉴别。

金色绿柱石和摩根石虽然不及祖母绿和海蓝宝石名贵，但也已受到越来越多人们的喜爱。

图3S-9-05 黄绿柱石矿物晶体

图3S-9-06 18K玫瑰金摩根石戒指和吊坠

图3S-9-07 18K金海蓝宝石戒指

第十节　托帕石（黄玉）

PART10　　TOPAZ

托帕石是富足、虔诚、友情和幸福的象征，为11月的生辰石和结婚16周年的纪念宝石。

托帕石的矿物名称为黄玉。黄玉是一种含氟的铝硅酸盐，其化学式可表示为：$Al_2SiO_4(F_2OH)_2$。

黄玉的主要产地有：巴西、斯里兰卡、缅甸、马达加斯加、澳大利亚及我国的广东、云南等。

图3S-10-01 雪利黄色托帕石矿物晶体

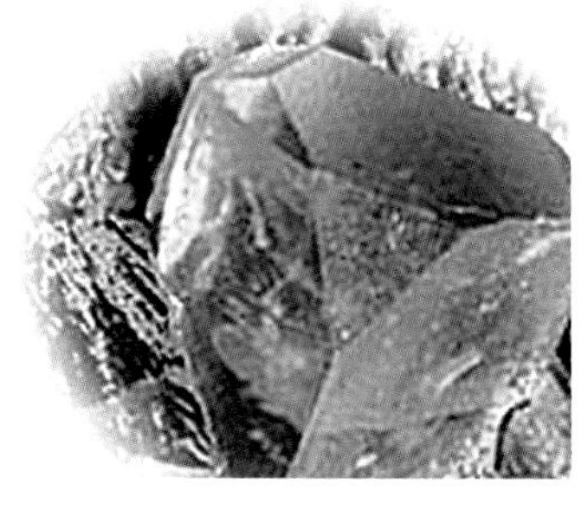

图3S-10-02 淡蓝色托帕石矿物晶体

一　托帕石的物理性质

黄玉的颜色种类较多，主要有：棕黄色或黄棕色（雪利黄玉）、淡蓝色、粉红色和无色。市场上最常见的是蓝色黄玉和无色黄玉。无色黄玉和褐黄色黄玉经辐射，再经热处理可变为浓艳的天蓝色。

黄玉是非均质体，透明，玻璃光泽，折光率1.62-1.63，双折率0.008-0.010，色散度0.014。多色性比较明显：蓝黄玉为淡蓝和无色；粉红色黄玉为浅红和黄色；黄色黄玉为棕黄、黄和橙黄。摩氏硬度8，密度3.49-3.57g/cm^3。

蓝黄玉（含改色蓝黄玉）在查尔斯滤色镜下为粉红色、淡橙黄色或灰蓝色。

图3S-10-03 18K金蓝托帕套件

二 托帕石的鉴定特征及与相似宝石的区分

托帕石的主要鉴定特征是：特殊的颜色、透明度高、非均质体、较明显的多色性、较高的硬度，还有较低折光率、低双折率、弱色散造成的小环型、双彩虹稍有重叠的影像特征。

蓝黄玉（含改色淡天蓝色黄玉）常被误认为海蓝宝石，有些不法商人也用蓝黄玉假冒海蓝宝石出售。区别二者最迅速、最简便、最有效的方法是用查尔斯滤色镜观察，海蓝宝石为艳蓝绿色，蓝黄玉为粉红或灰蓝色。

粉红色碧玺有时容易与粉红色黄玉相混，区别的最有效方法是影像法，碧玺为不重叠的双彩虹，黄玉为稍有重叠的双彩虹。

和黄色黄玉相似的宝石主要有：黄色水晶、黄色碧玺、黄蓝宝石和赛黄晶。仿冒品主要是黄色玻璃。这几种宝石的颜色有时非常接近，区别方法有：影像法、硬度法和荧光法（表3-10-1）。

图3S-10-04 18K金蓝托帕吊坠和耳坠

表3-10-1黄托帕石与相似宝石特征对比表

宝石名称	光性	荧光	影像特征	硬度
黄托帕石	非均质	淡黄色	小环　双虹有重叠	8
黄水晶	非均质	无	小环　双虹有重叠	7
赛黄晶	非均质	淡蓝色	小环　双虹有重叠	7
黄蓝宝石	非均质	无	中环　双虹有重叠	9
黄碧玺	非均质	无	小环　双虹紧挨	7.5
黄锆石	非均质	无	大环　双虹分离	7
黄玻璃	均质	无	小环　单虹	5

黄蓝宝石与黄色黄玉折光率相差较大，前者为1.76-1.77，影像为中环型，后者1.62，为小环型，影像特征差别较大，比较容易区分。另外还可以用硬度等于8.5的立方氧化锆鉴别，因为黄色蓝宝石的硬度为9，能划动立方氧化锆，黄玉硬度是8，划不动立方氧化锆。黄色碧玺以明显的双彩虹与黄玉相区别。黄色锆石以大环型、双彩虹分离的影像特征区别于黄托帕的小环型、双虹有重叠影像。黄锆石的亚金刚光泽也明显不同于黄托帕的玻璃光泽。

黄色水晶、赛黄晶和黄玉的光学性质很接近，其影像特征都是小环型、双彩虹有重叠。但是黄托帕石的双彩虹重叠的特别少，仅仅是第一个彩虹的紫光和第二个彩虹的红光略有重叠，稍不注意会误判为双虹分离。而水晶和赛黄晶的双彩虹都有较多的重叠。另外还可用长波紫外灯区分它们：不发荧光者为黄色水晶，发淡黄色荧光者是黄玉，发淡蓝色荧光是赛黄晶。还可以用硬度为7的合成水晶试硬度，划动水晶者为黄玉，划不动者为赛黄晶。

玻璃可以仿冒各种颜色的黄玉，最简便的鉴别方法是影像法，因为玻璃是均质体，其影像为单彩虹。黄玉是非均质体，为有部分重叠的双彩虹。

三 黄玉的优化处理和鉴别

天然蓝托帕极为少见，市场上流行的蓝色托帕大都是无色黄玉先经辐照处理成褐色，然后再经热处理变为蓝色。按处理后形成蓝色的深浅分为天空蓝、瑞士蓝和伦敦蓝三个档次，天空蓝颜色最浅，外观与海蓝宝石非常类似，瑞士蓝较深，伦敦蓝更深更艳，非常靓丽。辐照改色的颜色均匀，无色斑和色带。按现行国标（GBT 16552-2010 珠宝玉石 名称）规定，经辐照处理的托帕石是必须要注明的，必须说明这种蓝色是经处理生成的，因为辐照处理会在宝石上残留放射性，所以必须放置一定的时间到残留放射性对人体无害才能拿出来销售。

黄色、橙色黄玉经热处理可变为红色和粉红色。

近年来在市场上还出现了一种“扩散托帕石”，就是在无色托帕石的表面用高科技的办法生长一层厚度<5mm的蓝绿色或粉色薄层，貌似蓝托帕或粉托帕，用放大镜观察可发现表面有褐黄绿色或粉色斑点不均匀地分布着，用查尔斯滤色镜观察为橙红色。商家如果不注明，冒充纯天然出售就是欺诈行为，珠宝爱好者在购买时要用放大镜仔细观察表面颜色分布特征，并用滤色镜观察其镜下的颜色变化。

四 黄玉的评价

评价黄玉也基本遵循“4C”原则，即从宝石的颜色、净度、重量、切工等四个方面对宝石的价值作出评定。

黄玉的净度一般较高。因粒度大，一般情况下切工优良，因此颜色和重量为主要因素。黄玉的颜色等级顺序为：红色、粉红色、棕黄色、蓝色、黄色、无色。

颜色、净度、重量相同时，未经优化处理的价值要高于经过优化处理的价值。

图3S-10-05 18K金蓝托帕戒指

图3S-10-06 18K金蓝托帕戒指

图3S-10-07 18K金雪利黄托帕戒指和吊坠

第十一节 锆 石

PART11 ZIRCON

图3S-11-01 红锆石矿物晶体

锆石象征着繁荣和成功，无色锆石常作为钻石的代用品，锆石被作为12月的生辰石。

锆石又称为锆英石，俗称“风信子石”。锆石既是宝石名称，又是矿物名称，化学表达式为$ZrSiO_4$。在矿物学中把锆石分为高型和低型两种：不含放射性杂质、晶格未破坏者为高型锆石，通常为无色、褐红色，热处理后可变为蓝色和金黄色。含放射性杂质较多、晶格受到破坏、甚至变为非晶质者为低型锆石，通常为绿色、灰绿色、灰黄色。低型锆石由于含放射性物质对人体有害，不能作为宝石。宝石级锆石均为高型锆石。

锆石的主要产地有：斯里兰卡、缅甸、柬埔寨、坦桑尼亚、俄罗斯和中国。

一 锆石的物理性质

图3S-11-02 18K金蓝色锆石戒指和耳钉

1. 高型锆石

天然高型锆石为无色、褐红色，热处理后可变成鲜艳的天蓝色或金黄色。透明，玻璃光泽—亚金刚光泽。折光率为1.91-2.04，双折率0.059，色散0.038。硬度7.5，密度4.7g/cm^3。包裹体少，透明度高。

2. 低型锆石

低型锆石是由于内部所含放射性元素衰变，导致晶体结构受到破坏而形成的，由于放射性元素的种类、含量以及形成时代的不同，使得晶体结构受到的破坏程度也不同，因此，低型锆石物理性质变化范围较大。典型的低型锆石为绿色、灰黄色、灰绿色，颜色中常带乳白色调，透明-半透明，玻璃光泽—亚金刚光泽，折光率1.78-1.82，无双折射，无二色性，色散极弱。硬度6，密度3.9-4.1g/cm^3。

由于低型锆石含有微量放射性元素，不宜长期与皮肤接触，因此，低型锆石一般不能作为宝石，只有一些块度大、色泽艳的低型锆石有陈列价值。

二 高型锆石的鉴定特征及与相似宝石的区分

高型锆石以强的光泽，高折光率，高双折射率，高色散和较高的硬度为鉴定特征。

图3S-11-03 18K玫瑰金锆石戒指和耳钉

容易与无色锆石相混的是钻石和立方氧化锆。在立方氧化锆大量投放市场前，锆石常作为钻石的仿冒品，最简便的鉴别方法是影像法，锆石以大环型区别于钻石的无影像，以双彩虹区别于立方氧化锆的单彩虹。由于钻石比锆石贵重得多，因此不可能有人用钻石仿冒锆石，只可能用锆石仿冒钻石，为了确保钻石的可靠性，用热导仪法或硬度法检测是必要的。

与褐红色、褐色锆石相似的主要是合成金红石、榍石和硼铝镁石。鉴别的有效方法是影像法和硬度法。锆石以大环型区别于无影像的金红石和小环型的硼铝镁石。金红石刺眼的彩色闪光也是区别于锆石的重要特征。锆石和榍石都是大环型、双彩虹，但榍石影像中的两个彩虹间隔更大，单个彩虹宽度也更大。也可用硬度为7的合成水晶区分锆石和榍石，前者硬度7.5能划动水晶，后者硬度5-5.5划不动水晶。

褐色锆石经热处理可变为天蓝色，与海蓝宝石和蓝黄玉容易相混。区别的最好方法还是影像法。锆石以大环型明显区别于海蓝宝石和蓝黄玉的小环型。

图3S-11-04 925银锆石耳钉

三 低型锆石的鉴定特征及与相似宝石的区分

颜色中伴有混浊的乳色色调、较高的折光率、极弱的色散、无双折射、无二色性是低型锆石的主要鉴定特征。

和低型锆石易混的主要宝石有绿色蓝宝石、绿色碧玺、橄榄石和铬透辉石等。

绿色蓝宝石与低型锆石的主要区别是：前者有强二色性、高硬度（摩氏硬度9），影像为双彩虹；后者无二色性、硬度较低（硬度6），影像为单彩虹。

绿色电气石（碧玺）以小环型、双彩虹和明显的二色性与低型锆石相区别。

橄榄石以黄绿色、高双折射率、低色散（表现为间隔较大的双彩虹）特征与低型锆石相区别。

铬透辉石以暗绿色和影像的不重叠双彩虹与低型锆石相区别。

四 锆石的评价

锆石中只有高型锆石能作宝石，低型锆石由于具有放射性不宜与皮肤直接接触，可以作为博物馆的收藏品。评价锆石主要是指高型锆石的评价。

锆石有多种颜色，其中以不带杂色调的蓝色为最佳，其次为不带褐色调的无色锆石和微带褐色调的红色锆石。

在评价锆石的切工时，除评价其比例、对称性和抛光程度以外，还必须评价其切割取向。因为锆石的双折率很高，只有光轴方向无双折射（晶体生长方向），如果宝石台面与光轴平行或交角很小，从台面观察宝石时，边棱双影特别明显，会给人以模糊不清的感受。只有当台面与光轴垂直时，才会给人以轮廓清晰的感受。

图3S-11-05 18K玫瑰金锆石戒指

图3S-11-06 18K金红锆石戒指

第十二节　水 晶

PART12　　ROCK CRYSTAL

各种水晶都是人们喜爱的宝石，无色水晶冰清玉洁、晶莹剔透，象征着纯洁无瑕、坚贞不渝，又称为“水精”、“水玉”、“晶玉”、“菩萨石”，被佛家定为七宝之一。紫晶被作为爱的守护神，是水晶家族中最高贵、最美丽的一员，象征着和谐、谅解，被国际珠宝界列为2月的生辰石。黄水晶象征着希望和友情，国际珠宝界把黄水晶和黄托帕并列，共同作为11月的生辰石。有着各种包裹体的水晶——钛晶、发晶、绿幽灵、红兔毛、聚宝盆等，近年来逐渐成为人们的新宠。

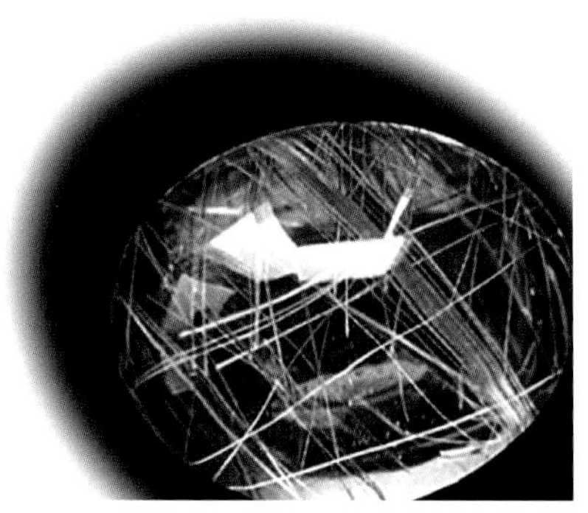

图3S-12-01 金发晶

全世界各国都有水晶产出，彩色水晶的主要产地有：巴西、乌拉圭、俄罗斯、马达加斯加、印度、美国、南非。我国25个以上的省市都有水晶产出，江苏东海水晶世界闻名。

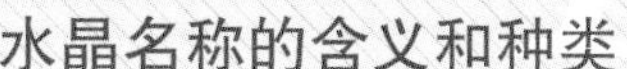

一　水晶名称的含义和种类

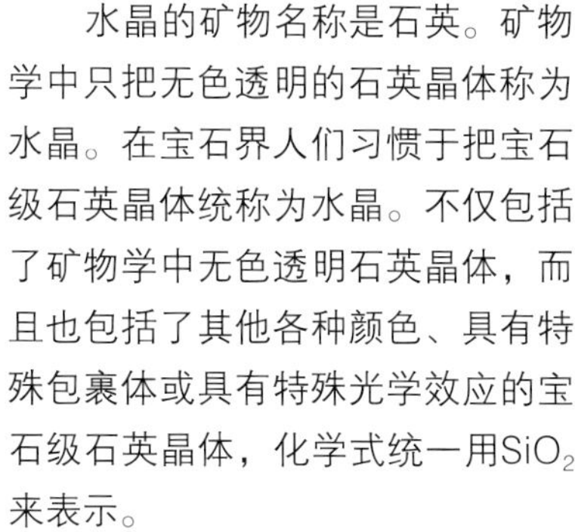

水晶的矿物名称是石英。矿物学中只把无色透明的石英晶体称为水晶。在宝石界人们习惯于把宝石级石英晶体统称为水晶。不仅包括了矿物学中无色透明石英晶体，而且也包括了其他各种颜色、具有特殊包裹体或具有特殊光学效应的宝石级石英晶体，化学式统一用SiO_2来表示。

水晶的颜色变种主要有：紫晶、黄水晶、茶晶、烟晶、蔷薇水晶（又称芙蓉石）和双色水晶。

水晶内部有多种矿物包裹体，形成的各种景观很有观赏性，奇石界称其为包裹体水晶观赏石。由于水晶本身就是宝石，因此人们称誉包裹体水晶为“宝石级观赏石”。包裹体水晶观赏石各具其独特性，具有极高欣赏和收藏价值。按照包裹体的内容，常把包裹体水晶分为下列几类：

图3S-12-02 水晶晶簇

图3S-12-03 紫晶晶簇

图3S-12-04 18K玫瑰金芙蓉石戒指和吊坠

图3S-12-05 金发晶手串

1. 发晶，水晶内包裹有针状、发丝状其他矿物（金红石、角闪石、绿帘石、碧玺等）就称为发晶，主要品种有金发晶、银发晶、黑发晶、绿发晶、红发晶、杂色发晶等。金红石呈板状时称为钛晶。当包裹体呈定向排列，并把宝石琢成弧面时就会有猫眼效应，分别称为钛晶猫眼、金发晶猫眼、黑发晶猫眼、银发晶猫眼、绿发晶猫眼等。当包裹体呈三个方向120° 相交，并把宝石琢成弧面时，就会显现星光效应，常见星光钛晶、星光粉晶和星光石英。三组板条状金红石在一个平面内交叉排列时，构成类似花朵的图案称为钛晶花。
2. 水胆水晶，水晶内有看得见的原生水存在称为水胆水晶。
3. 兔毛水晶，如果包裹体呈纤维状、细微发丝状就称为兔毛水晶，按颜色又分为红兔毛、黄兔毛、白兔毛。
4. 幽灵水晶，水晶内包裹有绿泥石时称为幽灵水晶，当绿泥石集中分布在圆珠的一侧，另一侧是纯净的白水晶时称为聚宝盆。如果绿泥石包裹体一层层间隔排列，每层的形状类似三角形，整体形状类似塔形，这种幽灵水晶称为金字塔或千层山，卖价最高。

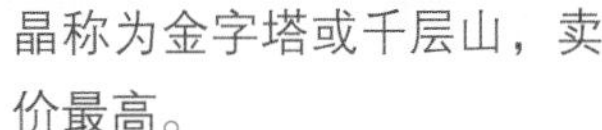

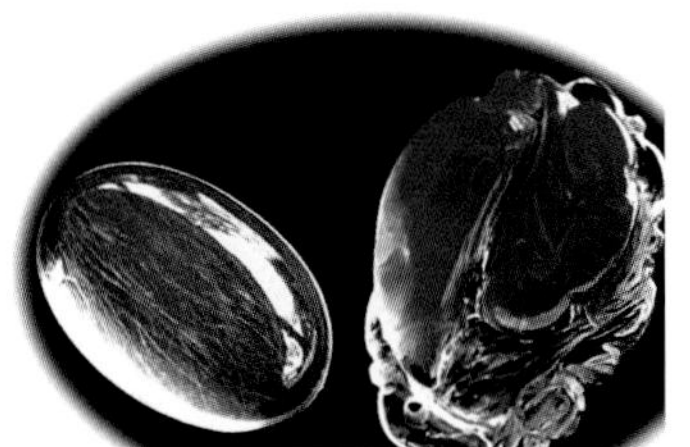

图3S-12-06 红兔毛水晶

5. 景观水晶，水晶内的包裹体构成奇特图案时称为景观水晶，这些图案有的似山水，有的似人物，有些像文字，有些像动物、植物、器物等等，给人以无限的想象空间。

二　水晶的物理性质

各种水晶都是非均质体，具有玻璃光泽，透明—半透明，折光率1.544-1.553，双折射率0.008，色散度0.013。硬度7，密度2.66g/cm^3。紫晶有明显的二色性。

图3S-12-07 绿幽灵水晶

三 水晶的鉴定特征及与相似宝石的区分

以颜色命名的各水晶变种的颜色（紫晶的紫色，黄水晶的黄色，烟晶和茶晶的烟色和茶色、芙蓉石的蔷薇红色等）是各变种的第一鉴定特征。以特殊包体命名的各水晶变种的包体是各自的第一鉴定特征。它们的共同鉴定特征是玻璃光泽、非均质体、硬度7，低折光率、低双折射、低色散。

1. 无色水晶及仿冒品的鉴别

无色水晶的仿冒品主要是普通玻璃和水晶玻璃。最简便的鉴别工具是偏光镜。水晶是非均质体，正交偏光镜下旋转一周间隔出现四次明亮四次消光。普通玻璃和水晶玻璃（熔炼水晶）都是均质体，用正交偏光镜观察为全消光。

2. 紫晶和相似宝石及仿冒品的鉴别

容易和紫晶混淆的主要是紫色立方氧化锆、紫色稀土玻璃、紫色尖晶石、紫色萤石等。紫晶是光性非均质体，有明显的二色性（紫和浅紫色），影像特征为小环型、双彩虹有部分重叠（表3-12-1），与其他紫色宝石和仿冒品有明显的区别。鉴别方法主要是光性法和影像法。

（1）光性法（光性荧光法和光性二色性法）

紫晶是紫色宝石及仿冒品中唯一的非均质体宝石，用简易偏光镜检测消光特征便可鉴别。但当紫色尖晶石出现异常消光时，为了准确起见需用二色镜或长波紫外灯进一步检验。尖晶石即使是出现异常消光时，也不会有二色性，因此，用二色镜检测有紫和浅紫色二色性者为紫晶。或用紫外灯检测有淡红色荧光者为尖晶石。

图3S-12-08 紫晶戒指和耳钉

（2）影像法

此法只对琢成刻面的紫晶戒面有效。紫晶是紫色宝石和仿冒品中唯一具有小环型、双彩虹有部分重叠、单虹宽度不大影像特征的宝石。尖晶石和紫色稀土玻璃为中环型、单彩虹。立方氧化锆为大环单彩虹，而且有明显的色散。紫色萤石有明显的解理纹，光亮度差，影像为单彩虹。

图3S-12-09 茶晶饰品（手牌、吊坠、耳坠、太阳镜）

表3-12-1紫晶和相似宝石特征对照表

名称	光性	荧光	多色性	硬度	影像特征
紫晶	非均质	无	明显	7	小环　双虹有重叠
紫尖晶石	均质	淡红	无	8	中环型　单虹
紫稀土玻璃	均质	无	无	5	中环型　单虹
紫立方氧化锆	均质	无	无	8.5	大环型　单虹
紫色萤石	均质	无	无	4	小环型　单虹

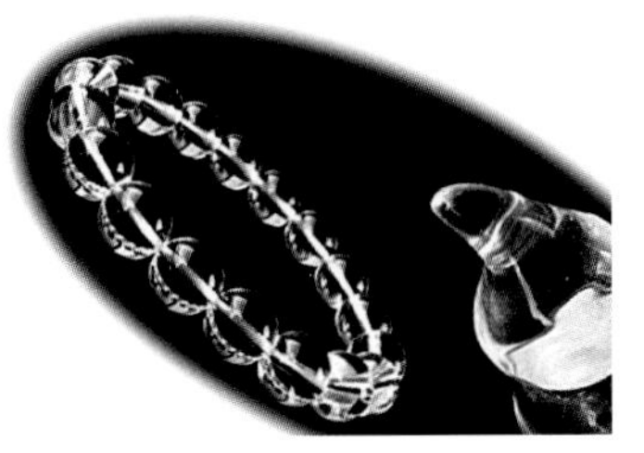

图3S-12-10 白水晶手串和小雕件

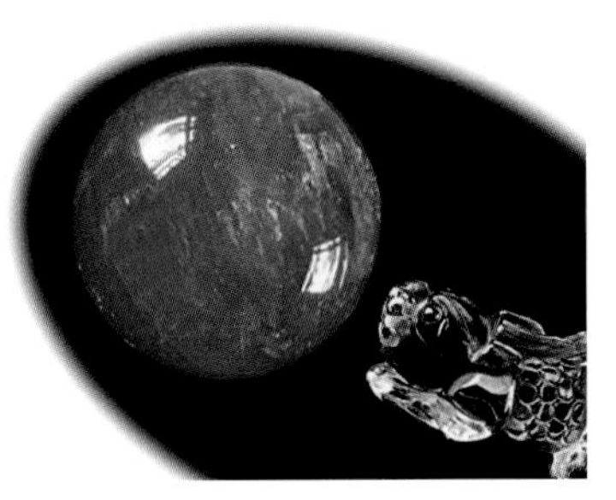

图3S-12-11 黄水晶球和小雕件（貔貅）

3. 黄水晶与相似宝石及仿冒品的鉴别

颜色与黄水晶相似的宝石和仿冒品主要有：黄色蓝宝石、黄托帕石、黄色碧玺、黄色尖晶石、黄色玻璃等。从诸多黄色宝石中鉴别黄色水晶的最佳方法是影像荧光法。黄色水晶以小环型、双虹有部分重叠的影像特征区别于黄色蓝宝石的中环型，区别于黄色碧玺的双彩虹不重叠，区别于黄色玻璃的单彩虹。具有这种小环型、双彩虹有重叠影像特征的还有黄托帕石。黄水晶以在长波紫外灯下无荧光与黄托帕石的弱黄色荧光相区别。

4. 茶晶、烟晶、芙蓉石和金星石及仿冒品的鉴别

茶晶、烟晶的主要仿冒品是茶色、烟色玻璃；芙蓉石的仿冒品是浅玫瑰色玻璃质料器；金星石的仿冒品是掺有金属粉的玻璃（人造金星石）。鉴别的最好方法是光性法。因为这些仿冒品都是均质体，在正交偏光镜下为全消光。水晶是非均质体，用正交偏光检测旋转一周有四次消光、四次明亮。另外还可根据结构和包体相区别。玻璃中常见圆形气泡和漩涡状结构；水晶中常见天然矿物包体和白色“棉绺”。人造金星石是浇铸而成，金属粉粒度大小一致，而且分布均匀，有时在底面常见冷却收缩形成的凹坑。对于水晶项链、水晶眼镜片和其他较大的水晶制品可用手触摸试其“凉感”与仿冒品相区别。因为所有仿冒品都有“温感”，而水晶有明显的凉感。

四　天然水晶、改色水晶合成水晶和熔炼水晶

天然水晶为天然产出、只经过机械加工,未经任何其他方法处理的水晶。

改色水晶为用物理方法使其颜色发生改变的天然水晶，没有外来成分的加入，例如：无色或黄色水晶经辐照处理会变成紫色或茶

色。紫晶或茶晶经热处理又会变为无色水晶或黄色水晶，辐照色和热处理色是可逆的，但在常温常压下是稳定的。改色水晶的颜色一般比天然色更均匀更鲜艳，销售商应向买主说明。

图3S-12-12 白水晶小雕件

图3S-12-13 白水晶小雕件

合成水晶为在实验室或工厂、在人工创造的条件中形成的水晶。合成水晶与天然水晶的物理、化学性质基本一致，依据折光率、密度、硬度等数据无法区分天然水晶与合成水晶。通常人们通过下列特征鉴别：

1. 未经加工的合成水晶，在晶体中心有一个平整的片状籽晶晶核。天然水晶是没有的。
2. 合成有色水晶的颜色均匀、呆滞、沉闷，有时颜色过深、过艳。天然水晶颜色分布不均匀，天然紫晶经常出现平直的或60°角状生长色带，颜色晶莹、明亮。
3. 天然水晶的固态包体是天然矿物，如：金红石、电气石等，气液包体呈星点状、云雾状、絮状出现。合成水晶的包体呈白色面包屑状均匀分布。
4. 用偏光镜检查合成水晶串制的项链的光性时，常可以发现相临的若干链珠（有时几乎是全部）消光方位完全一致，即同时消光。而天然水晶很难发现这种现象。

熔炼水晶为纯SiO_2或水晶碎块经熔融、冷却后便成熔炼水晶，又名石英玻璃。熔炼水晶与天然水晶在外观上很相似，区别方法是：

1. 用偏光镜检查光性。天然水晶是非均质体，在正交偏光中旋转360°有四次明亮和四次消光；熔炼水晶是均质体，为全消光。
2. 触摸。天然水晶有凉感；熔炼水晶有温感。

图3S-12-14 18K玫瑰金芙蓉石吊坠和耳坠

五 水晶的评价

有色水晶中以紫晶最珍贵，被誉为“水晶之王”，属中档宝石，其余有色水晶均为低档宝石。紫晶按其颜色深浅、净度可分为三级——AAA级：深紫色，净度高，“出火”好，颜色分布基本均匀，可有轻微色带，切工优等。AA级：较浅的深紫色，内部洁净，切工优等。A级：浅—中等紫色，有一些色带和轻微棉绺，切工优等。

近年来，包裹有各种内含物的水晶越来越受到人们的喜爱，特别是各类发晶和幽灵尤为受宠。发晶中又以钛晶、金发晶最为珍贵，特别是当金色金红石排列整齐形成发晶猫眼时尤为珍稀。幽灵水晶中以金字塔最为珍贵，其次是聚宝盆。无论是发晶还是幽灵水晶，都以纯净为上品，即：有包体的部位清晰可见，包体之间晶莹剔透、纯净无瑕。

水晶猫眼（石英猫眼）的价值主要取决于与金绿猫眼的相似程度，直观印象越相似，越能以假乱真，价值越高。

星光水晶（星光石英）的价值取决于星光效应的明显程度，星光效应越明显，价值越高。

图3S-12-15 芙蓉石吊坠

图3S-12-16 芙蓉石吊坠

第十三节　长 石

PART13　　Feldspar

凡色泽艳丽、透明度高、裂纹少、块度较大的长石都可作为宝石，其中最受人们喜爱的是半透明泛淡蓝色朦胧晕彩的月光石。月光石象征着富贵和长寿，和变石并列为6月的生辰石。

一　宝石级长石的品种

长石是最重要的造岩矿物，占大陆地壳组成的58%左右（体积）。长石是钾、钠、钙的铝硅酸盐。按化学组成又可把长石分为两大系列：钾钠系列和钠钙系列，前者称为碱性长石，后者称为斜长石。碱性长石和斜长石根据化学组成又可分为若干种。无论是哪种长石，当其具有美丽的颜色或具有特殊光学效应时都可成为宝石。目前发现的宝石级长石主要有下列4种：月光石、日光石、天河石、晕（变）彩拉长石。

月光石

琢成弧面呈现朦胧乳白色或淡蓝色晕彩的长石，因像夜空的月色故称月光石。这是由于呈固溶体状态存在于正长石内部的钠长石和正长石两种长石的折射率只有微小差别，光照射后发生光的衍射、干涉，造成晕光的出现。月光石是宝石级长石中最珍贵的一种，按其矿物组成属碱性长石。

图3S-13-01 月光石吊坠和戒指

日光石

包裹有分散状金属矿物、具有砂金效应的长石，光照时金属矿物闪闪发亮，又称为长石砂金石。矿物组成为斜长石。

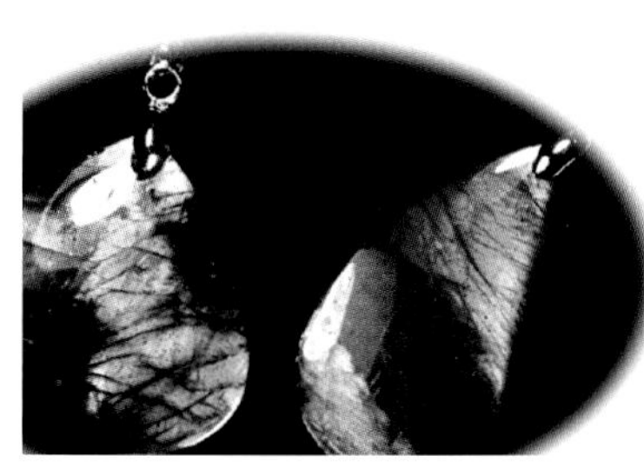

图3S-13-02 晕彩拉长石吊坠

天河石

又称亚马逊石，是含铷和铯的微斜长石的淡蓝色、碧绿色的变种。由于含斜长石的聚片双晶或穿插双晶，所以肉眼可见绿色和白色呈格子状、条纹状或斑纹状。

晕彩拉长石

也称为变彩拉长石， 其特征是在转动宝石到某一角度时，宝石的某一个面就整个亮起来，显现出蓝、绿、黄、红色晕彩，有时还有金黄色、橙黄色、紫色晕彩。在珠宝市场中，不少商家把这种晕彩拉长石也作为月光石出售，因为二者都是长石族宝石，又都是由光的晕彩效应而称为宝石，只不过一个属于正长石亚族，一个属于斜长石亚族，这种差别对矿物岩石专业的人来说并不陌生，可对于普通珠宝爱好者来说就难以掌握了。在实用鉴定中，我们不必去追究有晕彩的长石到底是碱性长石还是斜长石，我们只需看宝石的琢型即可知晓：琢成弧面在弧面呈现晕彩的是月光石；只在某一个特定的平面上、只在特定角度才能看到晕彩的是晕彩拉长石。

图3S-13-03 日光石戒指和戒面

宝石级长石的主要产地是：斯里兰卡、缅甸、美国、马达加斯加、澳大利亚、俄罗斯、加拿大、巴西和中国。

二 物理性质

长石的各种宝石级变种除具有各自命名的特殊光学效应和颜色外，共同的物理性质还有：透明—半透明，玻璃光泽，光性非均质体，折光率1.52-1.57，双折率0.007，色散0.012。硬度6，密度2.55-2.75g/cm^3。

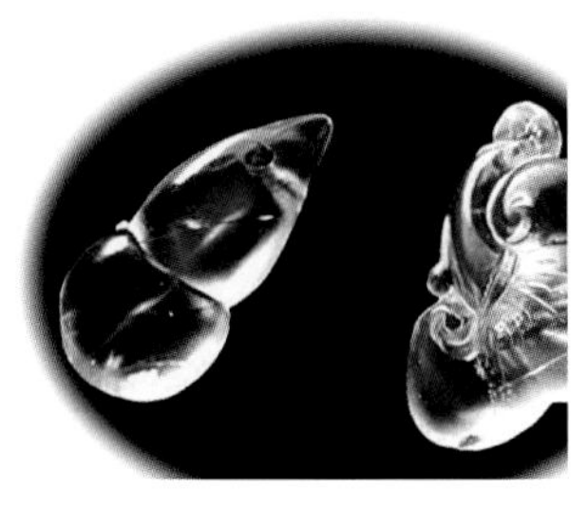
图3S-13-04 月光石吊坠

月光石内部有呈蜈蚣足状错动的双晶面。日光石有针状、片状、板状磁铁矿、赤铁矿晶体。天河石常见绿白两色构成的格子状、条纹状或斑纹状构造。晕彩拉长石常见密集的平行解理。

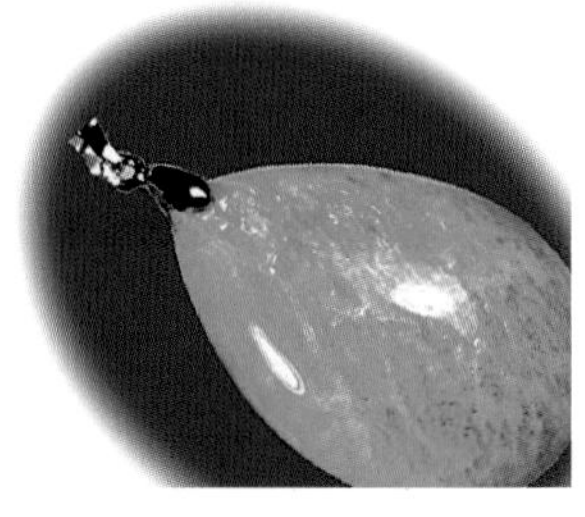
图3S-13-05 天河石吊坠

三 鉴定特征及与相似宝石的区分

1. 月光石

月光石的乳白或淡蓝色晕彩并不是长石的自色，不是由构成长石的常量或微量致色离子造成的颜色，而是一种晕色，是由显微状格子双晶纹对入射光的散射造成的一种光学现象，因此呈现为朦胧状态，如同夜晚朦胧的月光，美丽又柔和。容易混淆的宝石和仿冒品有水晶猫眼（石英猫眼）、玉髓和有月光效应的玻璃。

石英猫眼和月光石二者的区别是：转动宝石时，石英猫眼呈明亮的线状光带平行移动。月光石弧面的朦胧月色光不呈线状，而呈片状或块状移动。月光石与玉髓的区别是：玉髓是非均质矿物集合体，在偏光镜中转动始终明亮，无明暗变化，而月光石有明暗变化。月光石与仿月光石的玻璃用偏光镜便可很容易将它们区分，因为玻璃是均质体，用偏光镜检测始终全暗，无明暗变化。

2. 日光石

无色透明的长石中含有红色、黑色金属矿物包体时，在光照下就会反射出很强的金属光泽，像河滩里的砂金一样闪光。因此，日光石又称为长石砂金石。日光石与人造砂金石的区别是：日光石中的片状、针状赤铁矿分布不均匀而且比较稀疏。人造砂金石（金星石）中的金属粉或片分布均匀，而且密集。

图3S-13-06 月光石吊坠和耳坠

3. 天河石

淡蓝色、碧绿色长石称天河石。容易混淆的主要是东陵玉、绿玉髓和翡翠。天河石和东陵玉的主要区别是结构构造。东陵玉是含铬云母的石英岩，粒状结构，光照时可见闪光云母片。而天河石常见绿色和白色组成格子状、条纹状或斑纹状构造，这一特征也区别于绿色均匀分布的绿玉髓（澳玉）。翡翠有翠性（光照下可见硬玉矿物解理闪光面），天河石无翠性。

4. 晕彩拉长石

拉长石（斜长石的一种）之所以常常具有晕色，主要原因是拉长石双晶纹十分明显，这种特殊的结构往往对白光中不同波长色光中某种光的反射特别有利而呈现这种色光的晕色。最常见的是灰蓝色、艳蓝色，有时可见绿、黄、褐红等多种晕色同时出现的晕彩拉长石，有人称其为“光谱石”。

图3S-13-07 天河石矿物晶体

容易与晕彩拉长石混淆的主要是欧泊，鉴别依据是解理（沿某一晶面方向裂开的性质，表现为基本等距平行分布、比较连续的细直线）：拉长石解理纹明显，欧泊没有解理。

四 宝石级长石的评价

月光石是最重要的宝石级长石，无包裹体和裂隙，半透明，呈朦胧淡蓝色的月光石价值较高，白月光价值较低。月光色在弧面宝石顶部中央者价值高，在边部者价值低。

日光石以透明度高、砂金效应明显者价值高。

天河石以透明度高、解理少、碧绿色和天蓝色为佳。

晕彩拉长石以晕彩多、亮度高、晕彩面积大为上品。

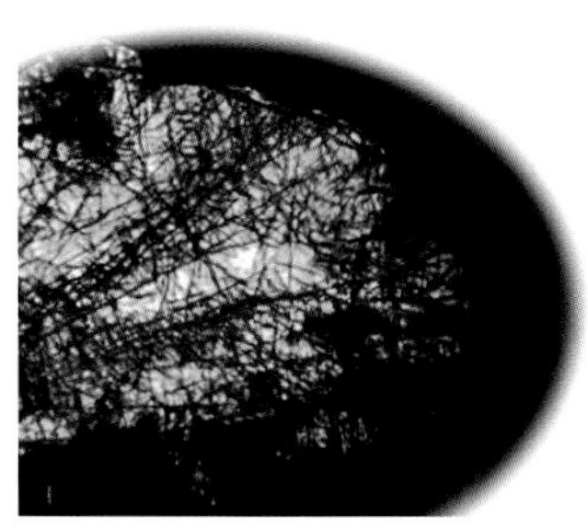

图3S-13-08 晕彩拉长石矿物晶体

第十四节　铬透辉石

PART14　Chrome diopside

图3S-14-01 18K金铬透辉石戒指和耳钉

铬透辉石是一种近年来才在珠宝市场上亮相的宝石品种。它以翠绿的颜色、晶莹剔透的品质很快就博得人们的喜爱，被人们赞誉为祖母绿的姊妹石。在俄罗斯铬透辉石被称为西伯利亚祖母绿，而实际上它是翡翠的近亲姐妹，因为组成翡翠的主要矿物是硬玉，硬玉和透辉石都是辉石家族中单斜辉石亚族，只不过翡翠是矿物集合体，铬透辉石是单晶。

铬透辉石的主要产地是南非、俄罗斯和芬兰。

一　铬透辉石的物理性质

铬透辉石是一种含铬的透辉石，化学式为$CaMgSi_2O_6$，由于含微量铬而呈翠绿-暗绿色，绿色的明亮鲜艳程度取决于铁的含量，铁含量越高颜色越暗。透明—半透明，玻璃光泽，折射率1.68-1.70，双折率0.027，色散0.013，多色性为深绿和浅绿，在长波紫外光下呈绿色。硬度5.5-6.5，密度3.29g/cm^3。

二　铬透辉石鉴定特征及与相似宝石的区分

图3S-14-02 925银铬透辉石吊坠

铬透辉石的主要鉴定特征是翠绿—暗绿的颜色、较好的透明度、中等折光率、较高的双折率和较低的色散。刻面宝石影像表现为小—中环型、双虹分离、单个彩虹宽度不大的特点。

与铬透辉石相似的宝玉石主要有：祖母绿、翠榴石、沙弗莱、绿碧玺、橄榄石和绿玻璃（见第三节祖母绿表3-3-1）。

铬透辉石以双虹分离与祖母绿的双虹有重叠相区分，以非均质体与翠榴石、沙弗莱和绿玻璃的均质体相区分，以双虹分离有间隔与双虹紧挨的碧玺相区分，以翠绿—暗绿的颜色和紫外灯下发弱绿色荧光与橄榄石的黄绿色和无紫外荧光相区别。

图3S-14-03 925银铬透辉石耳钉

三 铬透辉石的评价

颜色、净度、重量和切工的4C原则同样适合铬透辉石，由于净度较高、切工较好，所以颜色和重量就成为评价的主要依据。首先是颜色，含铁量低的翠绿色最接近祖母绿，价值高于暗绿色。市场上所见铬透辉石重量一般在3克拉以下，3-10克拉就比较少见，10克拉以上就极为罕见，价格较贵。

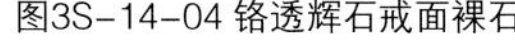

图3S-14-04 铬透辉石戒面裸石

图3S-14-05 18K金坦桑蓝戒指

第十五节　坦桑石（黝帘石）

PART15　Tanzanite（Zoisite）

宝石级坦桑石1967年发现于非洲的坦桑尼亚。1969年，纽约的Tiffany公司就以出产国的名字来命名这种宝石——Tanzanite，并把它迅速推向国际珠宝市场，很快在北美和欧洲以及香港等地受到了人们的喜爱，特别是当人们得知电影“泰坦尼克号”影星温斯莱特所佩戴的“海洋之星”大吊坠中间的主石就是蓝色坦桑石（俗称坦桑蓝）之后，坦桑蓝迅速被人们所接受。目前市场上所见宝石级坦桑石主要就是坦桑蓝。

迄今为止，非洲的坦桑尼亚仍然是坦桑蓝最主要的产地。

图3S-15-01 坦桑蓝（黝帘石）矿物晶体

一　坦桑蓝的物理性质

坦桑石的矿物名称是黝帘石，化学表达式$Ca_2Al_3(SiO_4)_3(OH)$，天然坦桑石的颜色一般为带褐色调的绿蓝色，还有灰、褐、黄、绿、浅粉等色，经过热处理才是纯正的蓝—蓝紫色，这种蓝色稳定并且不可检测，我们称这种蓝—蓝紫色的坦桑石为坦桑蓝。坦桑蓝透明度高，玻璃光泽，折射率1.69-1.70，双折率0.013，色散0.021。三色性强，表现为蓝、紫红、绿黄。硬度6-7，密度3.35g/cm^3。

图3S-15-02 18K金坦桑蓝戒指

二 坦桑蓝的鉴定特征及与相似宝石的区分

坦桑蓝以它特征的颜色（蓝中带紫—蓝紫）为第一鉴定特征，其次是明显的三色性（蓝、紫、绿黄），再次是中等折射率、低双折率和较高的色散。与坦桑蓝相似的宝石主要有：蓝宝石、蓝晶石、堇青石（水蓝宝石）、蓝碧玺、蓝尖晶石和蓝玻璃（见第三章第二节表3-2-2）。

坦桑蓝以非均质性区别于均质体的蓝色尖晶石和蓝玻璃。以小—中环型、双虹有重叠的影像区别于双虹分离的碧玺和蓝晶石。以中环型影像区别于堇青石的小环型影像。以明显的紫色调和强三色性（蓝、紫、黄绿）区别于蓝宝石的强二色性（蓝、蓝绿）。

三 坦桑蓝的评价

坦桑蓝的净度高，颗粒也不太小，所以坦桑蓝的价值主要取决于颜色和重量。坦桑蓝的颜色以蓝色微带紫色调最为珍贵，紫色调越重，相对价值越低，紫色为主微带蓝色调的价值最低。市场上5克拉左右的坦桑蓝并不难见，10克拉以上就不多见了，15克拉以上就很稀奇了。

图3S-15-03 18K金坦桑蓝戒指和吊坠

第十六节　水蓝宝石（堇青石）

PART16　Water sapphire（Iolite）

图3S-15-01 堇青石矿物晶体

微带紫色调的蓝色堇青石酷似高档蓝宝石，但价格却很低廉，故称堇青石为水蓝宝石或穷人的蓝宝石。

水蓝宝石的主要产地有斯里兰卡、马达加斯加、美国、加拿大、坦桑尼亚、纳米比亚等。

一　水蓝宝石的物理性质

水蓝宝石的矿物名称是堇青石，堇青石在矿物学中属绿柱石族。堇青石中的蓝色—蓝紫色变种称为水蓝宝石。水蓝宝石的颜色酷似高档蓝宝石，越来越受到人们的喜爱。堇青石的化学表达式为$Mg_2Al_4Si_5O_{18}$。玻璃光泽，透明—半透明，折光率1.54-1.55，双折率0.012，色散0.017。堇青石的多色性极为明显，肉眼可见，不同方向观察宝石，颜色明显不同。硬度7-7.5，密度2.61g/cm^3。水蓝宝石有时颜色分布不均匀出现色带，有时含有密集定向排列的红色赤铁矿和针铁矿，称为血滴堇青石。

图3S-15-02 925银堇青石戒指

二　水蓝宝石的鉴定特征及与相似宝石的鉴别

水蓝宝石以其诱人的蓝色、低折光率、低双折率、低色散和强多色性为主要鉴定特征。相似宝石主要有：蓝宝石、坦桑蓝、蓝萤石、蓝碧玺、蓝玻璃等（见第三章第二节表3-2-2）。

图3S-15-03 925银堇青石戒指

堇青石以非均质体区别于均质体的蓝萤石和蓝玻璃。刻面宝石以小环型、双虹有重叠的影像区别于电气石的小环型、双虹分离影像。蓝宝石、坦桑蓝和堇青石的颜色很接近，观察刻面宝石影像，三者有一定的差别：堇青石为小环型，蓝宝石为中环型，坦桑蓝为小—中环型。另外，三者的多色性也有差别，堇青石多色性极强，把宝石拿在手里转动，从不同方向观察颜色有明显变化，而蓝宝石和坦桑蓝虽然也有多色性，但却没有水蓝宝石那么明显。

三 水蓝宝石的评价

由于水蓝宝石的折光率比较低，所以光泽相对于蓝宝石就显得没那么亮，这就决定了水蓝宝石的价值主要取决于颜色和重量，也就是说水蓝宝石的价值主要取决于它与高档蓝宝石的相像程度。蓝色或微带紫的蓝色最贴近高档蓝宝石，因而价值也最高。蓝紫色次之，带灰色调或黄色调就更差一些。市场上的水蓝宝石重量大多在5克拉以下，5-10克拉比较少见，10克拉以上就更稀少，价格昂贵。

图3S-15-04 18K金堇青石戒指

图3S-15-05 18K金堇青石戒指

图3S-15-06 白欧珀戒面

第十七节　欧 泊

PART17　　OPAL

欧泊是自然界唯一集彩虹七色于一身的宝石，“在一块欧泊石上，你可以看到红宝石的火焰，紫水晶的色彩，祖母绿的碧海，五彩缤纷，浑然一体，美不胜收”。这是古罗马自然科学家普林尼对欧泊的赞美。欧泊的英文名称Opal，“欧泊”就是Opal的译音。由于澳大利亚是欧泊的重要产地，澳大利亚又把欧泊定为国石，所以珠宝界也有人称欧泊为澳宝。在欧洲，人们把欧泊视为幸运的代表，是希望和纯洁的象征，被列为六大名贵宝石之一。国际宝石界把欧泊和碧玺同定为10月的生辰石。

图3S-17-01 黑欧泊

欧泊的主要产地是澳大利亚，非洲埃塞俄比亚，其次是墨西哥和美国。

一　欧泊的物理性质

图3S-17-02 火欧泊和黑欧泊

欧泊在矿物学中称为贵蛋白石，是一种含水非晶质二氧化硅集合体。化学表达式$SiO_2 \cdot nH_2O$。欧泊的颜色包括两个内容：一是基色，也称为体色，即欧泊的总体颜色；二是变彩。欧泊的基色可划分为三个系列：浅色系列、深色系列和黄色系列。浅色系列包括乳白色、浅灰色及无色，统称为白欧泊。深色系列包括黑色、灰黑色、暗绿色、深蓝色和灰褐色，统称为黑欧泊。有的欧泊呈浅咖啡色、蜜糖色，按体色介于白欧泊和黑欧泊之间，商业上俗称为半黑欧泊。黄色系列包括橘红色、橘黄色、淡黄色，统称为火欧泊。火欧泊是一种单色欧泊，也有人把火欧泊赋予地域的含意，即把火欧泊作为墨西哥欧泊的代名词。欧泊的变彩是由其特殊构造决定的：欧泊是非晶质体，是由等大的二氧化硅球粒规则、紧密堆积而成，这些等大球粒之间空隙距离相等，这种特殊构造可使入射光发生衍射，而呈现红、橙、黄、绿、青、蓝、紫等多色变彩。球粒直径一般为1500A-4000A，球粒越大，它们之间的孔隙也就越大，变彩中的红色也就越多。变彩的形状各有不同，有的呈点状，有的呈纤维状，有的呈片状，也有的呈多种形状的组合。变彩出现的范围也有差别，有的欧泊无论怎样转动都能看到变彩；有的欧泊变彩效应只出现在一定转动范围内，超出这个范围就看不到变彩。

图3S-17-03 18K金欧珀戒指

欧泊的透明度一般为半透明—不透明，玻璃光泽，折光率为1.35-1.47，一般为1.45。硬度5-6.5，密度2.15-2.23g/cm^3。二氧化硅球粒间有间隙水和吸附水，加热到100℃就会全部消失，失水后易裂。在长波紫外灯下欧泊有强荧光。当欧泊受构造作用生成的密集平行微裂隙被填充，或者欧泊充填于其他矿物、岩石的密集平行微裂隙中时可呈现猫眼效应，当沿多组裂隙填充时可呈现星光效应。

欧泊的产出围岩既有沉积岩，也有火成岩，这两种不同类型的岩石的共同特点是都含有较多的SiO_2。尽管一些产于某些地区火成岩中的欧泊常发生失水干裂的现象，但这并不意味着产于火成岩中的欧泊就一定是容易失水干裂的欧泊，因为也还有一些产于火成岩中的欧泊的性质非常稳定。因此，仅仅根据欧泊的产出围岩推断欧泊的稳定性是不可取的。

图3S-17-04 18K金配钻黑欧珀戒指

二 欧泊的鉴定特征及与相似宝石的区分

欧泊的最主要鉴定特征就是它美丽的变彩。与天然欧泊容易相混的主要有：晕彩拉长石，斑彩石、合成欧泊、玻璃欧泊、塑料欧泊和拼合欧泊。

晕彩拉长石与天然欧泊的主要区别是：晕彩拉长石常有解理纹，晕彩只体现在特定的平面，而且只有在特定的角度才能观察到。欧泊没有解理，它的变彩是随着观察角度的变化而变化的。合成欧泊与天然欧泊物理性质相近，主要根据彩片特征进行区别：天然欧泊的彩片（或色斑）呈纺锤状，色块内部为丝绢状。合成欧泊的彩片（或色斑）呈三角形，向三个方向延伸，或称为柱状色斑，色块内部呈蜥蜴皮状。天然欧泊彩片边界模糊，界线比较平直光滑，合成欧泊彩片界线清楚，边缘呈锯齿状，总体具六边蜂窝状结构。

图3S-17-05 琢成刻面的白欧泊戒面

斑彩石也叫彩斑菊石，是一种化石。摩氏硬度只有4.8，表面色层既软又脆。并且由于氧化作用，越接近地表的斑彩石颜色越暗淡，多呈暗红或是褐色。所以，斑彩石不能直接裸露在空气中，出土的原料如果在一年之内不做任何处理，颜色将逐渐变暗淡。为了保护斑彩石避免受到氧化，在斑彩石表面一般都镀有胶膜或尖晶石膜。虽然优质斑彩石的变彩很丰富也很明亮，而且随着观察者和光线的角度变化而变化，在外观上与欧泊有某些相似之处，但根据外表是否有镀膜即可与欧泊区分开。未加镀膜的斑彩石由于体色暗、变彩丰富，与黑欧泊有相似之处，仔细观察便可发现，欧泊的变彩来自内部，斑彩石的变彩局限于表面。

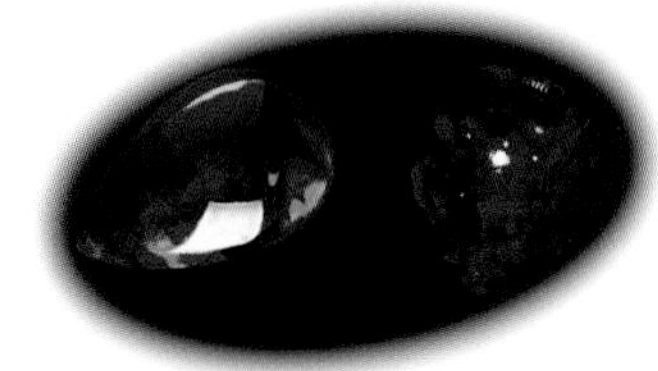

图3S-17-06 火欧泊

玻璃欧泊中常见气泡、旋涡纹，没有天然欧泊特有的彩片。玻璃欧泊中无空隙，不能吸水。而天然欧泊有孔隙，吸水，甚至粘舌。

塑料欧泊硬度低，用钢针可划动，表面常有不规则多向磨痕。天然欧泊用针划不动，表面光洁。塑料欧泊呈“针状火焰”变彩，内部常见气泡，用正交偏光观察常见异常消光，用白炽灯照射发浅蓝色乳光，透射光观察发粉橙色乳光，具蜂窝状镶嵌图案。

图3S-17-07 18K金欧泊戒指

拼合欧泊是将欧泊切成薄片与无变彩的蛋白石或与非欧泊材料（玻璃、塑料、玛瑙等）粘合而成。将欧泊薄片置于顶部，其下粘合底托称为二层石。把欧泊薄片夹在中间，上部盖玻璃，底部加托称为三层石。拼合欧泊又称组合欧泊。鉴别时关键是寻找粘合面的存在，主要可从下列诸方面进行判断：

1. 从宝石侧面观察变彩范围，如有突然中断的界线即为粘结面的存在之处。
2. 在强光下从正面用放大镜观察欧泊内部是否有气泡的存在，如有气泡存在，并分布在一个平面内即为二层石，有两个平面即为三层石。
3. 观察透明度的好坏及变化。组合欧泊透明度一般均较好，而且上下有变化。天然欧泊透明度差，上下没有变化。

图3S-17-08 黑欧泊

三 天然黑欧泊与加黑欧泊的鉴别

深色欧泊（黑色、深绿色、灰黑色、深蓝色、灰褐色等）统称黑欧泊。经人工染黑的欧泊称加黑欧泊，欧泊加黑的方法主要有：

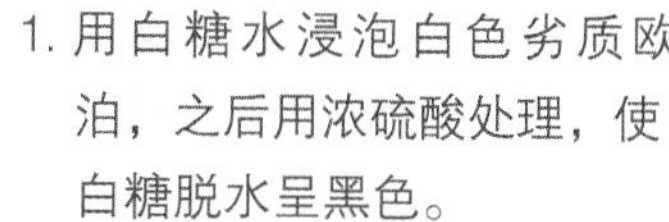

1. 用白糖水浸泡白色劣质欧泊，之后用浓硫酸处理，使白糖脱水呈黑色。

2. 用烟煤等黑色染料染色。

这些加黑欧泊，主要从变彩和黑色分布特征来鉴别。用白糖脱水染成黑色的欧泊表面呈现黑色，变彩呈斑点状，用放大镜观察可见黑色颗粒。天然欧泊变彩呈片状或斑块状。用烟煤等染色的欧泊黑色分布不均匀，在欧泊表面呈云团状。

图3S-17-09 18K金欧泊戒指

图3S-17-10 18K金配钻半黑欧泊吊坠

四 欧泊的评价

评价欧泊的首要因素：一是变彩，二是亮度，在色彩和亮度评价的基础上，再看体色、透明度和重量，当然切工是评价任何宝石不可忽视的因素。

变彩是欧泊的灵魂，没有变彩

的蛋白石只能称为普通蛋白石，有变彩效应的蛋白石才能称为欧泊。变彩的评价主要考虑色彩的种类、色彩的丰富程度、色彩的饱和度和变彩显现的方位和角度。对于白欧泊来说，色彩种类中以红光最难得，依次为橙、黄、绿、青、蓝、紫，如果两颗白欧泊一粒以红光为主，另一粒以蓝绿光为主，其他条件都一样，那以红光为主的价值就高于另一粒。对于黑欧泊来说，翠绿色最为耀眼。色彩丰富程度是指变彩中出现的颜色种类的多少，在以往的欧泊评价中，有人把欧泊分为三彩、五彩、七彩，说的就是色彩的丰富程度，尽管这种划分并不科学，因为欧泊变彩所展现的是连续光谱色，很难以数量表示，但如果这三、五、七是针对彩虹七色光而言，那这种划分对于欧泊评价还是有参考作用的。颜色的饱和度就是指颜色的饱满程度，颜色只有饱满才可能艳丽诱人。变彩展现的方位和角度是指能观察到变彩的方位和角度，一粒只能在特定方位和角度下才能观察变彩的欧泊，或者是在某一方位和角度看不到变彩的欧泊，如果假设其他条件完全相同，其价值就要低于在任何方位和角度都能展现变彩的欧泊。

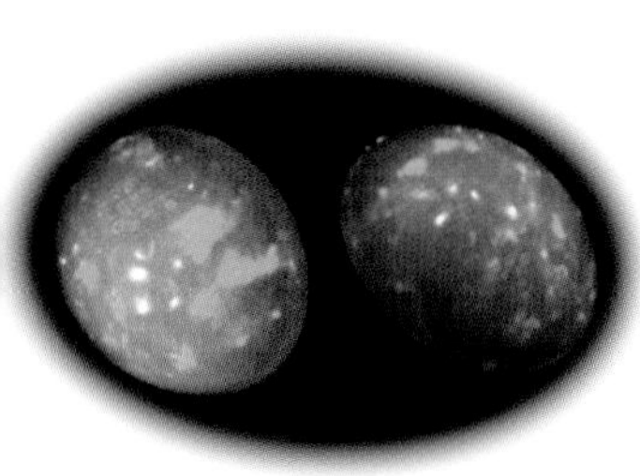
图3S-17-11 白欧泊戒面

亮度是欧泊的生命，所谓亮度就是色彩明亮的程度，没有亮度，色彩的美丽就展现不出来，一粒只有在强光下才能显现色彩的欧泊的价值就要低于在昏暗光线下也能有色彩的欧泊。可能不少人都会有下面的经历：在珠宝店买了一件珠宝，当时觉得是那样光彩照人，可回到家里看就觉得没那么漂亮了，这就是亮度问题，在珠宝店那种明亮射灯的光照条件下，宝石内在的美充分展现出来，而在自己家里的光照没那么强，宝石的明亮度又不太高，所以看起来就感觉没那么光彩照人了。所以，在购买欧泊时不仅要在珠宝柜台强光照条件下看色彩，而且要拿到远离强光照射的自然光下看。在弱自然光下也能闪出迷人变彩的欧泊才是上品。

在对色彩和明亮度进行评价的前提下，再考虑体色和透明度。对于黑欧泊来说，体色越深越好，因为体色越深反差越大，色彩越显得迷人。火欧泊是一种单色欧泊，体色越红越好，有变彩的火欧泊极为珍贵。对于浅色的白欧泊来说，体色就不是主要的了，而是透明度最重要，所谓的水晶欧泊就是透明度很高的白欧泊。

在对欧泊的色彩、明亮度、体色和透明度进行评价后，就要注意观察变彩构成的图案了。对于图案的评价主要看购买者的喜好，不同审美观的人可能会喜欢不同的图案。对于欧泊色彩图案收藏者来说，还要考虑图案的稀少性。

欧泊的重量当然是越大越珍贵。市场上常见3-5克拉的欧泊，10克拉左右的也不难见到，20克拉的欧泊就很稀少了。

欧泊猫眼和星光欧泊极为罕见，具有收藏价值。

五 澳洲欧泊和非洲欧泊

长期以来，产于澳大利亚的欧泊在世界范围内占据统治地位，澳大利亚很自豪地把欧泊作为代表国家形象的国石，有人把欧泊称为澳宝也是因为这个原因。自从1994年在非洲埃塞俄比亚Shewa省 Yita Ridge地区发现了新的欧泊矿床以后，澳大利亚欧泊的主导地位就开始受到冲击，但由于这里的欧泊常发生失水裂开的现象，对欧泊市场的价格影响不大。直至2008年在埃塞俄比亚Welo地区又发现了新的欧泊矿产地以后，才真正对澳大利亚欧泊的主导地位产生了动摇，因为这里产的欧泊不但和澳洲欧泊一样稳定，而且出现了很多罕见的变彩图案，十分珍贵。

把澳大利亚产的欧泊放入水中几个小时没有明显的变化；但如果把埃塞俄比亚的欧泊放入水中则会发生不同的变化，一种情况是透明度明显增强甚至和水晶一样透明，但火彩消失；另一种情况是透明度也增强至和水晶一样完全透明，但火彩更加明亮。两者的共同点是泡水后若干时间（15分钟至3小时不等）后都变得更加透明，更加神奇的是这些欧泊在吸水变得更加透明的过程中要排出孔隙里的气体，这些气体以气泡的形式附在欧泊表面或排入水中（图3-17-01 图3-17-02），所以有人风趣地把这种欧泊称为“会呼吸的欧泊”。

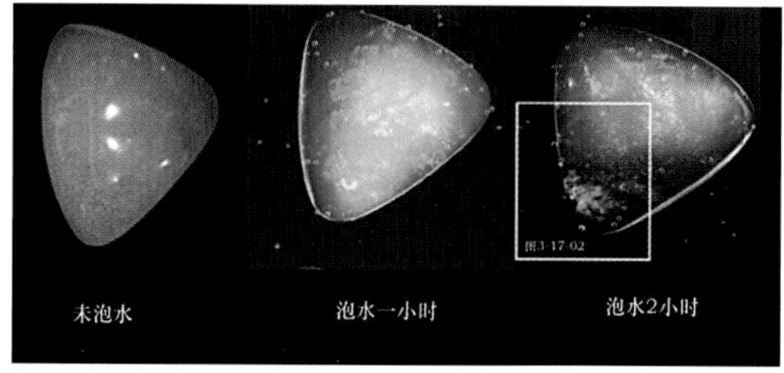

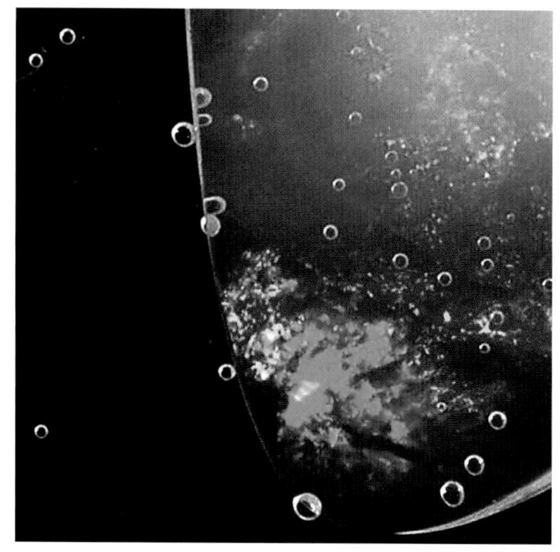

图3-17-01 会“呼吸”的欧泊

图3-17-02 泡水两小时欧泊局部放大图

把欧泊从水中取出，有的几分钟即可晾干水分，有的却要几天，一般情况下，吸水快失水也快的这种欧泊吸水后火彩更加明亮；而那种吸水慢晾干也很慢的欧泊吸水后大部分火彩会消失，有的即使火彩不消失也大大减少，只有在特定的角度才能看到少量火彩。由于埃塞俄比亚的欧泊和水的这种微妙关系，很多人，特别是那些崇信澳洲欧泊而对非洲欧泊又不十分了解的人，把非洲埃塞俄比亚的欧泊统称为水欧泊，而且一概认为这种欧泊易失水干裂。其实则不然，据报道，GIA的报告显示，埃塞俄比亚Welo地区的欧泊一旦干燥以后就会恢复到原本的状态，没有开裂和其他任何不良反应。美国密苏里州的Stone Group实验室也有类似报告。报告中说，有的样品浸泡后再干燥反复12次，没有开裂和变化的迹象。有更甚者，为了快速干燥，竟然对一些小欧泊进行高温烘干，即使如此，它们依然是稳定的。这些报道表明，埃塞俄比亚Welo地区产的欧泊是非常优质的宝石，不能把埃塞俄比亚的欧泊统统打入易失水干裂的范围，对不同产地的欧泊要具体分析，区别对待。珠宝爱好者在购买欧泊时最好向商家问明产地。在产地不太清楚的情况下找点水泡一会，如果几分钟后很快就有变化的那种，多半是吸水后火彩更加明亮的欧泊，处理不好就容易干裂。这种欧泊的价格一般比较低廉。

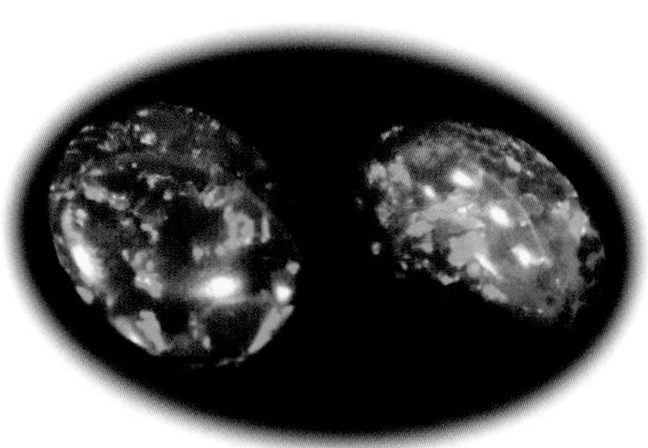

图3S-17-13 半黑欧泊戒面

第十八节　翡 翠

PPART18　　JADEITE

翡翠自古以来就是国内外人士喜爱的玉石珍品，在华人的心目中尤为珍贵，被誉为“玉石之王”、“东方之宝”。之所以称为翡翠，是因为在半透明的浅色基底上，有时可以同时出现红色和绿色的色块，像古代美丽的赤色翡鸟和绿色翠鸟，故将这类玉石称为翡翠。准确地说，红色为翡，绿色为翠，只有当红、绿共存时才能称之为翡翠。但在珠宝界常常把翡翠作为翠的习惯名称。

翡翠主要产在缅甸北部的雾露河流域。

图3S-18-01 18K金翡翠戒指和吊坠

一 翡翠的组成

翡翠是以硬玉、绿辉石、钠铬辉石为主要矿物成分的矿物集合体，从岩石学的角度来看，翡翠就是达到宝石级的硬玉岩、绿辉石岩和钠铬辉石岩的总称。而传统意义的翡翠就是指硬玉岩。硬玉的化学表达式为NaAl（Si_2O_6），其中Na^+可被Ca^{2+}少量类质同象替换，当Na的含量占Na和Ca总量的80%以上时为硬玉，当Na的含量占Na和Ca总量的20%以下时为透辉石，含量在20-80%即为绿辉石。Al^{3+}可被Mg^{2+}、Fe^{2+}、Fe^{3+}、Cr^{3+}类质同象替换，Cr^{3+}和Al^{3+}可形成连续类质同象，即：Na（Al、Cr）（Si_2O_6），当铝含量低于铬时就是钠铬辉石。以钠铬辉石为主的翡翠称为干青种翡翠，以绿辉石为主的翡翠称为墨翠。

图3S-18-02 18K金翡翠耳钉和耳坠

二 翡翠的颜色

翡翠的颜色多种多样，俗称有108种，我不知道是否真有人一种一种地统计过。其实各种颜色的命名都是人们根据自己的感受进行的形象类比，不同人有不同的感受、不同的类比。总之翡翠的颜色很丰富，归纳起来大致可分为六大系列：绿色、紫色、白色、翡色、黑色和组合色。其中绿色是翡翠的灵魂，是翡翠能和其他名贵宝石争高低的资本，绿色是翡翠的价值所在，绿色本身又是千变万化，可谓色差一级，价差十倍。绿色系列大致可分为：祖母绿色、翠绿色、豆绿色、油青色、蓝绿、墨绿、干青、花青八个类型，再细分又分出了艳绿、玻璃绿、宝石绿、阳俏绿、葱心绿、豆青绿、菠菜绿、瓜皮绿、丝瓜绿、蛤蟆绿、匀水绿、江水绿、灰绿、灰蓝、油绿、油青、墨绿等数十种绿。紫色又称为"椿"，是瑞福的象征，人们常说紫气东来、紫气冲天。紫色又可根据深浅和色调分为粉紫、淡紫红、蓝紫、深紫等多种紫色。白色系列可分为透白和干白两类。翡色系列包括黄翡和红翡两类，是福的象征。黑色系列就指纯黑和灰黑色的翡翠，黑色象征正义，人们相信黑色可以避邪消灾。组合色指两种以上颜色共存，紫、绿共存称为"春带彩"，黄加绿称为"黄杨绿"，白加绿叫"白底青"，白中有蓝一蓝绿色飘花称为"飘蓝花"。翡、绿、紫共存叫"福禄寿"，如果再有白就叫"福禄寿喜"。

图3S-18-03 Pt950翡翠耳钉和耳坠

其实这些颜色的种类都是形象的类比，没有必要死记硬背，玩玉者完全可以根据自己的感受对颜色进行描述。

三　翡翠的结构

翡翠的结构是指构成翡翠的矿物颗粒的大小、形态，更主要的是指矿物之间的结合方式和组合关系。翡翠的基本结构是交织结构，包括纤维交织结构和柱粒状交织结构。用肉眼透光观察或用放大镜观察，可以看到组成翡翠的矿物呈柱状、柱粒状，或近乎定向或相互交织在一起，这种结构是翡翠的重要特征。

图3S-18-04 18K金翡翠戒指和吊坠

四　翠性

"翠性"，顾名思义就是翡翠的特性，传统意义的"翠性"，就是指在翡翠表面可以直接观察到的组成翡翠的矿物的解理面反光，在众多相似玉石中，这种特征是翡翠所特有的，是翡翠的重要鉴定特征。这是组成翡翠的矿物在光照下，在宏观上表现出的矿物单体特性。但是翡翠是以硬玉、绿辉石、钠铬辉石为主的矿物集合体，我们在宏观上看到的不仅有矿物的单体特征，而且有矿物的组合特征，因此，“翠性”就不仅要包括矿物单体表现出的直观特征，也应该包括矿物集合在一起表现出的直观光学特征。据此，“翠性”至少应该包括下列两个内容：一是闪光，这是矿物单体的直观特征，表现为：在反射光下，用肉眼或放大镜观察翡翠成品表面时，可以看到粒状或纤维状的闪光，俗称“雪片”、“苍蝇翅”、“蚊子翅”、“砂星”等，究竟称其为哪一种，决定于闪光的大小，大者称“雪片”，小者称“砂星”。这些闪光事实上就是硬玉矿物的解理面。在翡翠加工为成品的过程中，成品表面的矿物颗粒受力沿解理面裂开，暴露在成品表面的解理面在反射光照射下，就会形成闪光，这种闪光在抛光不太好的部位尤为明显，矿物颗粒越粗越明显，结构越细越不易观察。这是翡翠的重要鉴定特征之一。“翠性”的另一内容就是“微波纹”，这是组成翡翠的矿物相互组合方式的直观特征，表现为：斜侧反光观察翡翠的抛光面，可以看到高低微微有差异的凸起和凹陷，就像微风吹动水面起的波纹，只不过波峰波谷高差甚小，所以称为微波纹。轻微转动翡翠可以看到这种凸起和凹陷的反光强度没有差异，光亮是连续的，凸起和凹陷之间平滑过渡，明亮度没有任何差异，这种“微波纹”是由于矿物在不同方向上的硬度有微小差异造成的。“微波纹”是翡翠内部结构的外在表现。

图3S-18-05 翡翠手镯

五 底子和种

底子也叫底张、地子或地张，是指翡翠中除了色和花以外部分的石域。“种” 是质地好坏的总称，是翡翠的透明度、结构的细腻程度、矿物成分的复杂程度、矿物颗粒大小以及均匀程度等等诸多因素的综合体现，“种”有老嫩之分，没有新老之分，可以说“种老”和“种嫩”，最好不要说“新种”和“老种”，因为说新和老容易给人造成有时间先后的误会。“种”就是质地，但不是“地子”。“地子”是石域，“玻璃地”的含义就是翡翠地子的种是“玻璃种”，“玻璃地”就是“玻璃种”地子的简称。珠宝界把翡翠的质地分出了二十余种，如：玻璃地、水地、蛋清地、青水地、鼻涕地、灰水地、紫水地、浑水地、细白地、白砂地、灰沙地、豆青地、紫花地、青花地、白花地、瓷地、干白地、糙白地、糙灰地、狗屎地等。玉雕界更有七十二种、一百零八色的说法，这正表明了翡翠的色和种的丰富多彩。

种的划分没有一个系统的体系和标准，大多都是玩玉人根据自己的生活所见作出的比喻。这种划分其实并不科学，而且行外人士难以掌握。我认为初学者只要能分出种的老、中、嫩也就行了。如果再玩的深入一点，随着个人头脑中知识的积累，逐渐也可以根据自己生活中所见物种，对翡翠的种作出形象的比喻，没有必要去死记硬背前人划分的这些名称。

图3S-18-06 18K金翡翠吊坠和耳坠

老种

以玻璃种、冰种为代表，其特征是矿物颗粒极细，其粒度<0.1mm，肉眼难以分辨。水头十足，外观有如玻璃或冰块，以一厘米厚为准，能看清下面的字为玻璃种，如果下面的字略显模糊的为冰种，若略显混浊但又很细腻的为蛋清种或玛瑙种。老种翡翠是上等玉雕材料，加工性能好。

嫩种

以豆种、马牙种为代表，其特征是矿物颗粒粗大，粒度一般>1mm，矿物晶体轮廓清楚，结构相对疏松，加工性能相对较差。

图3S-18-07 18K金翡翠戒指和吊坠

中种

介于老种和嫩种之间，包括糯化种、芋头种、白砂种、灰砂种等，其特征是矿物颗粒为中—细粒，粒度介于0.1和1mm之间。这一类跨度较大，中上接近老种，比如糯化种，中下接近嫩种。

六 翡翠的其他物理性质

除上述特征外，翡翠的光学和力学性质还有：玻璃光泽，硬度6.5–7，密度3.25–3.4g/cm^3，折光率1.66左右。翡翠是非均质矿物的集合体，在正交偏光系统中旋转一周，没有明暗变化，始终保持明亮。用长波紫外灯照射时无荧光，用查尔斯滤色镜观察不变色或呈灰绿色。由于组成翡翠的矿物多呈柱状、柱粒状或纤维状，所以翡翠内部的棉绺也多有方向性，这也是区别于其他玉石的重要特征。

七 翡翠的鉴定特征及与相似玉石的鉴别

翡翠最重要的鉴定特征是翠性、结构和棉绺。

图3S-18-08 翡翠链珠和吊坠

所谓“翠性”包括两个内容：一是反光解理面，二是“微波纹”。除少量极为细腻的玻璃种、冰种外，大多翡翠用30-60倍的放大镜，在反光和侧光条件下观察都可以看到翠性，这是翡翠区别于其他玉石的首要的直观特征。其次是结构，翡翠的各种交织结构（纤维交织结构、柱粒状交织结构等）也是翡翠区别于其他玉石的重要特征，除了那些质地极细腻的之外，大部分翡翠用30-60倍放大镜用透射光观察都可看到，结构较粗者肉眼轻易可见。需要强调的是：看结构一定要用透射光，看翠性要用反射光。翡翠另一重要鉴别特征就是棉绺，所谓“棉”大多为白色，也可称为“白棉”，就是翡翠内部的斑块状、条带状、波纹状、丝状的半透明-微透明的白色物质，它可能是硬玉本身，也可能是其他矿物包体。“绺”就是暗裂，“棉”和“绺”经常同时出现，所以经常把它们放在一起称呼“棉绺”，或称为“絮状物”，由于受翡翠交织结构的制约，这些棉绺有的也呈长条状，有的呈纤维状、条带状，有的呈交织状。絮状物的这种特征明显区别于其他玉石。这里也要提醒一下：观察棉绺絮状物一定要在透射光或透射侧光条件下进行。

易和绿色翡翠相混的绿色玉石主要有：澳玉、马来玉、独山玉、岫玉、软玉、东陵石、水钙铝榴石（不倒翁）等。易与无色玻璃种和飘蓝花翡翠相混的玉石主要是水沫玉，主要仿制品是玻璃和塑料。

区分翡翠与相似玉石的主要依据是翠性、结构、颜色分布特征和硬度（表3-18-1）。

图3S-18-09 翡翠吊坠

表3-18-01 绿色翡翠与相似玉石特征对比表

名称	绿色分布特征	结构	硬度	其他特征
翡翠	团块 条带丝絮状	交织结构	6.5-7	有翠性
澳玉	均一	等粒状结构	6.5-7	无翠性
马来玉	网状 网孔无色	鱼网状结构	5.5-6	绿色荧光或无
软玉	均一	毡状结构	6-6.5	油脂光泽
岫玉	均一	絮状 网状	3.5-5	云朵状花斑
独山玉	色杂	粒状结构	6-6.5	灰色调
东陵玉	均匀 云母闪光	粒状结构	7	滤色镜下红色
不倒翁	条带状 斑块状	粒状结构	7	滤色镜下红色

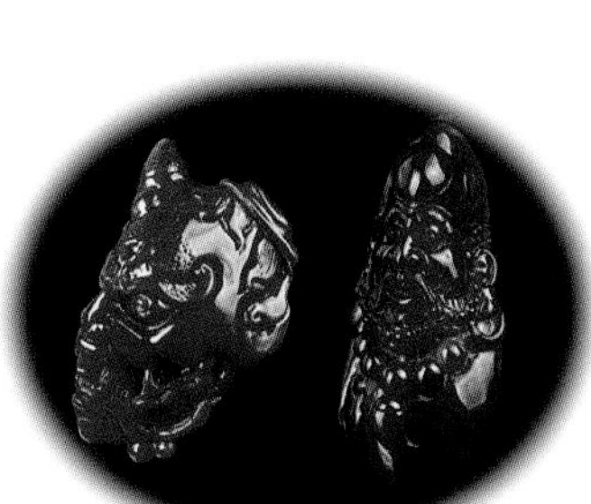

图3S-18-10 红翡小雕件

1. 澳玉

澳玉是一种绿色玉髓。由于市场上的绿玉髓主要来自澳大利亚，故称为澳玉。玉髓是隐晶或微晶石英的集合体。化学组成为SiO_2，由于含微量镍或铬而呈绿色。绿色分布一般较均匀，半透明—不透明，玻璃光泽，硬度6.5–7。有时外观酷似翡翠，进行鉴别的依据是颜色、结构和翠性。

翡翠绿色分布特征为团块状、条带状、丝絮状，澳玉的绿色一般分布很均匀；翡翠交织结构，澳玉是微晶等粒结构；翡翠有翠性，澳玉无翠性。

2. 马来玉

马来玉实质是一种绿色脱玻化玻璃。由于最初销售时声称来自马来西亚，故称为马来西亚玉，简称马来玉，因外表酷似高档翡翠，又称为马来翠，确切名称应称为人造绿色石英岩。

马来玉在查尔斯滤色镜下为灰绿色，长波紫外灯下无荧光或有强绿色荧光。玻璃光泽，半透明。一般为艳绿色。现代科技也制造出了绿色深浅不同、分布不均的马来玉，用以模仿中低档翡翠。在实用鉴定中区分马来玉和翡翠主要依据结构。在透射光下可以看到马来玉的绿色细线纹是沿晶粒边界分布的，晶粒本身是无色的，整体像一张绿色的网或蜂巢。据此，有人认为马来玉是一种染色石英岩，石英颗粒本身无色，绿色是染进去的。从结构上看，马来玉确实像石英岩，但石英岩是一种天然形成的以石英为主要矿物成分的岩石，而马来玉却是人工合成品，只是物质成分与石英岩相同，因此，应称马来玉为人造绿色石英岩。翡翠为交织结构，与马来玉明显不同。

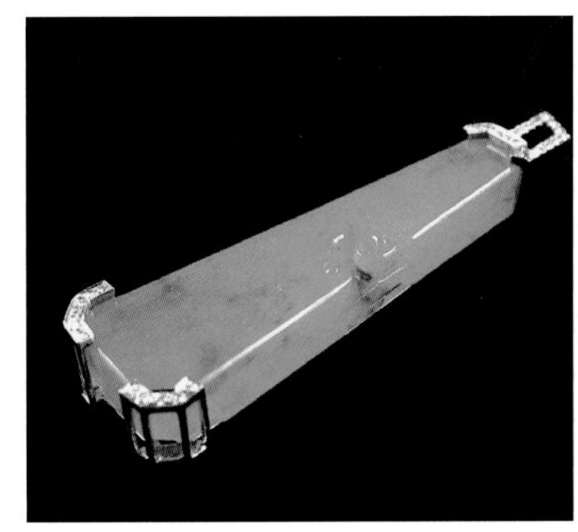

图3S-18-11 翡翠吊坠

3. 东陵玉

东陵玉是一种绿色石英岩，是显晶质石英集合体，由于含绿色铬云母而使整个岩石呈现绿色。光照时有鳞片状闪光，整体为玻璃光泽，云母片为丝绢光泽。用放大镜观察可以清楚地看到石英颗粒呈灰色或灰白色，闪光的云母片为绿色。用查尔斯滤色镜观察东陵玉为红色或猪肝色。

4. 软玉

翡翠与软玉的鉴别主要依据光泽、结构、翠性和硬度。翡翠是玻璃光泽，软玉为油脂光泽。翡翠是交织结构，软玉是毛毡状结构，常有不透明的花斑存在。另外也可根据硬度区分软玉和翡翠，用硬度为7的合成水晶刻划翡翠很难留下痕迹，但划软玉有划痕。翡翠有翠性，软玉无翠性。

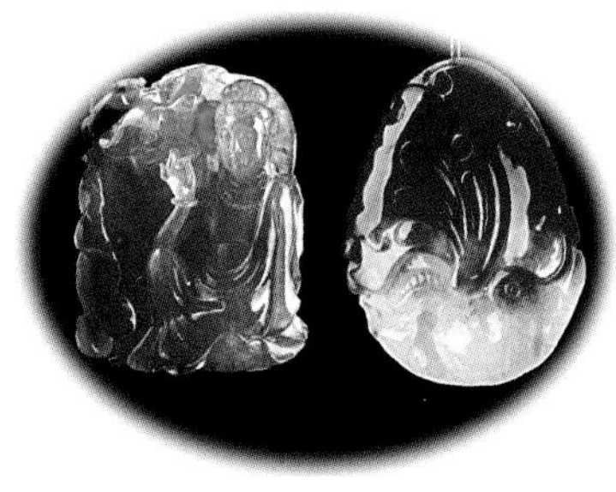

图3S-18-12 红翡绿翠小挂件

5. 独山玉

独山玉是我国特有的玉种。翠绿色高档独山玉酷似翠绿色翡翠，色泽鲜艳，质地细腻，硬度较高，有“南阳翠”之美称。白色和紫色独山玉也容易与翡翠相混，鉴别标志主要是结构、硬度、颜色分布特征和翠性。

翡翠是交织结构，独山玉是粒状结构。翡翠有翠性，独山玉无翠性。虽然在反光条件下在独山玉的表面也可看到一些鳞片状闪光面，但这种闪光面多为等粒大小，像一粒粒白砂糖的反光面。而翡翠的翠性闪光面多为大小不等的长柱面或纤维状。翡翠硬度6.5–7，合成水晶难以划动，独山玉硬度6–6.5，用合成水晶刻划可以留下痕迹。白色、绿色、褐色等多色混杂，特别是常出现肉红色—棕色（独山玉的特色色调），这是独山玉区别于其他玉种的显著标志之一。另外，绿色独山玉常带灰蓝色调，用放大镜观察可以看出独山玉的绿色是由很多片状矿物构成的。

6. 岫玉

岫玉质地细腻，触摸有滑感，具絮状、网状结构，常见明显的丝絮状物和像白色云朵似的花斑。腊状光泽，半透明，硬度3.5–5.5。岫玉的颜色多呈淡绿色、黄绿色、黄色、褐色、红色，有时呈碧绿色、灰绿色。岫玉与翡翠的鉴别依据主要是结构、硬度和光泽。

图3S-18-13 翡翠小挂件

7. 不倒翁

不倒翁，因产在缅甸北部的葡萄地区而得名，是水钙铝榴石的集合体，也可称为水钙铝榴石玉，绿色呈条带状、斑点状和斑块状分布，粒状结构明显区别于翡翠的交织结构。在查尔斯滤色镜下为红色，是区别于翡翠的最简单最有效的鉴别特征。

图3S-18-14 红翡小雕件

8. 水沫玉

学术上称为水沫玉的是钠长石玉；市场上称为水沫玉的是两种玉石，一为石英质水沫玉，一为纳长石质水沫玉。这两种水沫玉外部特征极为相似，在野外都与翡翠密切伴生，而且都酷似翡翠，被业内人士称为翡翠的第一杀手。区分它们主要依据结构、包体、密度：翡翠是交织结构，反光照射时有翠性；水沫玉是粒状结构，无翠性。但当矿物颗粒特别细小，放大镜难以分辨时，靠结构就难以区分了。此时就要依据内含物、密度等特征综合判断：翡翠和水沫玉二者内部都有白棉，但特征不一样，翡翠的白棉显示出交织结构的特征，棉的形态与硬玉的柱状相似，总体像几个柱交织在一起；而水沫玉的内含物为点状、絮状，而且是絮与絮之间透明度非常好，这是区分冰种无色翡翠和水沫玉的重要标志。另外，水沫玉密度明显低于翡翠，托在手心里掂量没有打手的感觉。

八 与翡翠原石有关的一些名词术语

8

在原岩露头上采的翠料称为山料，又称新坑玉。在河床和阶地挖掘的、有风化皮壳的翠料称籽料，又称老坑玉。产在残积、坡积、洪积物中的翠料称为半山半水料。山料可直接观察其质量，籽料由于表面有一层风化皮壳的遮挡，看不见内部，必须根据皮壳特征以及在局部开的“门子”或擦的“窗子”推断翡翠的优劣。由于这种推断以及建立在推断基础上的商业行为带有很大的风险性，中缅边境的宝玉石商人把这种带皮壳的籽料及其商业行为称为“赌石”。经过大自然千锤百炼改造的翡翠籽料表面千变万化，再加上不法商人设置的重重陷井，“赌石”的风险极大，奉劝珠宝爱好者轻易不要涉足。这里只介绍一些常用术语：

1. 皮壳

皮壳是翡翠籽料和部分半山半水料的固有特征。是翠料从原岩脱落后在大自然的搬运过程中受风化作用形成的外壳。粗糙有沙粒感的皮壳称为沙皮石，多产自阶地中。外皮光滑无沙感的称为水皮石，多产在现代河床中。沙皮石按颜色又分为白沙皮、黄沙皮、铁沙皮和黑乌沙皮。不同颜色的沙皮反映了翡翠成分上的差异，例如：白沙皮里面一般认为无色，要有色也是淡淡的绿或紫，一般透明度较好；黄沙皮里面有可能有不均匀的绿；铁沙皮一般认为里面会有好料；黑乌沙皮一般认为里面颜色较深。水皮石的皮一般很薄，结构细腻，颜色有青、淡黄或褐色等。山料一般没有皮壳。

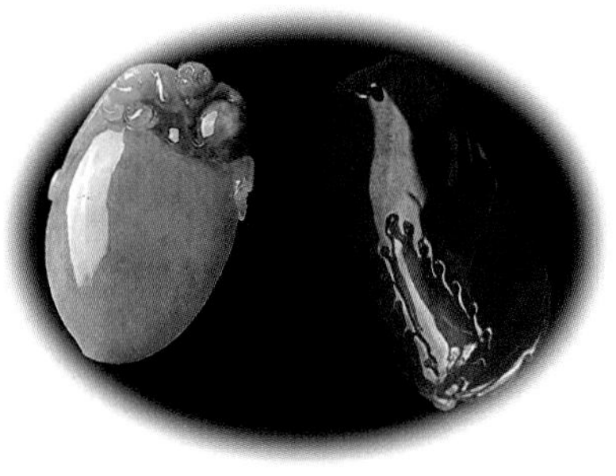

图3S-18-15 翡翠小挂件

2. 松花

松花是翡翠的绿色经风化后残留的痕迹，表现为隐约可见的干苔藓状色块或条带。可根据松花颜色的深浅、形状、走向、疏密推断里面绿色的深浅、形状、延伸和绿色的多少。

3. 癣

癣是指翡翠籽料表面大小、形状不同的黑色、黑灰色印迹。是翡翠中少量暗色矿物风化残留的痕迹。这些矿物主要是角闪石、铬铁矿等，它们常常是铬离子的提供者（含微量铬是翡翠呈绿色的主要原因），民间所谓的“绿随黑走”、“黑吃绿”形象地表明了绿和癣的关系。实际上绿和黑之间未必都有必然的因果关系，如果是黑穿插了绿，说明黑晚于绿，不但和绿无成因关系，反而对绿有破坏作用，这种癣即是民间所说的“死癣”。所以，有癣未必有绿，要研究它们之间的先后穿插关系。

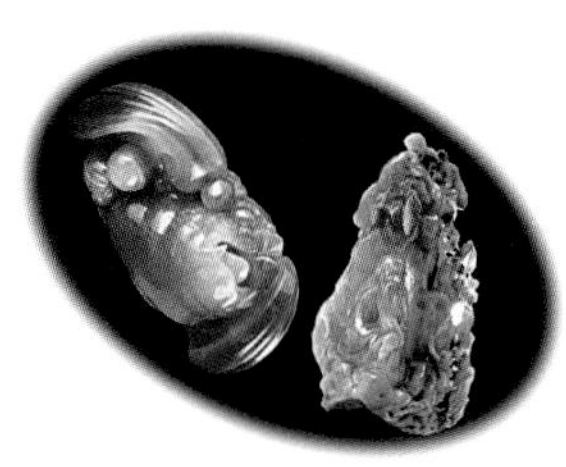

图3S-18-16 红翡绿翠小雕件

4. 蟒

蟒是差异风化的产物，是原石中耐风化部分在石料表面形成的脉状、带状、团块状隆起的产物。因为翡翠的绿色部分往往比较细腻、坚硬，比周围非绿色部分更耐风化，所以一般认为，蟒和绿的关系比较密切，蟒或者本身就是绿的露头，或者蟒和绿平行分布。特别是对有蟒又有松花的石料要极为重视!

5. 雾

雾是皮壳表层与未风化原石之间的过渡带（有人称为退变质层）。雾有厚有薄，颜色也各有不同，雾的颜色、质地与原岩密切相关，例如：地子干净、种老、透明度也较好的原石为白雾；黄雾是原岩中铁的氧化造成的，纯净的黄雾下面常有高翠。原岩中含铁量高并大量氧化为红雾；黑雾表明原岩杂质多，透明度差。

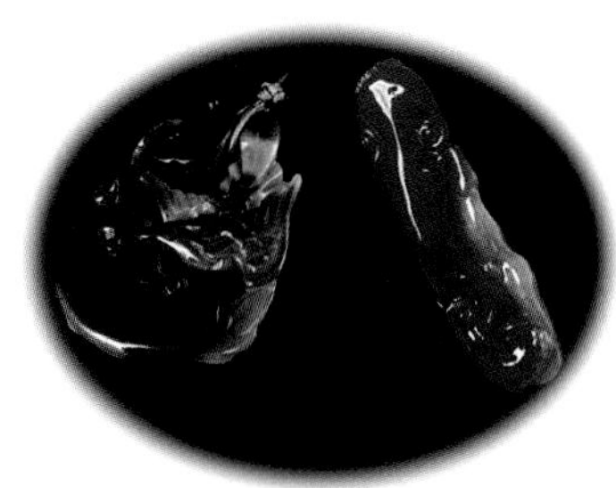

图3S-18-17 红翡小挂件

九 翡翠的ABC及其鉴别

1. 翡翠ABC货的含义

翡翠A、B、C货是长期以来在翡翠交易过程中形成的商业用语，广为流传，已深入人心，翡翠A、B、C货已经都有各自固定的内涵，而且已被人们所接受。

A货
翡翠玉料和成品之间只有形状的改变，没有其他方面的变化，即：只经过机械加工的翡翠称为A货。

B货
又称净化翡翠或漂洗翡翠。是指经酸或其他试剂浸泡、漂洗，除去其中的杂质，增加其透明度和颜色均匀程度的翡翠。由于这种处理会造成结构疏松，必须在高压下挤入树脂或硅胶，以填补杂质腾出的空隙，加固疏松的结构。

C货
染色翡翠。即：把无色或劣质翡翠染成绿色，B+C货：在酸洗除去杂质后又加入颜色，既经过净化过程，又经过加色过程，翡翠中既有外来固结物的加入，又有外来致色物质的加入，B+C货比较复杂，跨度也大，可以接近B货，也可以接近C货。

图3S-18-18 Pt950翡翠戒指

目前市场上少见单纯的B货或单纯的C货，大多都是既净化又染色的B+C货。

还有一些业内人士把人工仿翡翠制品（例如玻璃、塑料等）称为翡翠D货，但这种称呼还未被广泛认可。

2. 翡翠ABC货的识别

A、B、C货都是翡翠，都具有交织结构，都有翠性。主要从光泽、色调和绿色分布特点、表面结构、滤色镜下的颜色和紫外荧光等方面进行鉴别，其中，确定B货的主要依据是“酸蚀纹”，确定C货的主要依据是颜色的网纹状分布。

图3S-18-19 Pt950翡翠戒指

（1）光泽和色调

A货为强玻璃光泽，B货和B＋C货一般为树脂光泽。A货一般都多少带有一些黄色调或多少有几个褐色、黄色、红色斑点或斑块，经酸洗的B货和B＋C货没有黄色调，没有一个褐色、黄色斑点或斑块，整体干净，就像在一张不太白的脸上用了增白剂似的。

（2）酸蚀纹

既然B货的实质就是强酸漂洗，那么，要识别B货的关键问题就是找出酸洗的痕迹，残留在饰品表面的酸蚀纹就是最明显的痕迹。翡翠受到强酸漂洗后，硬玉矿物颗粒间的杂质被浸出，使翡翠变得更明亮、更透明，与此同时，酸洗也破坏了翡翠的结构，使原先交织结合紧密的硬玉矿物之间变得松散，为此，必须压入树脂或硅胶来加固松散的结构，才能在进一步加工过程中不掉块或崩渣。对于翡翠来说，这些外来固结物的硬度、折光率与硬玉的差别较大，加工抛光时这些外来充填物就会因硬度小而略低于两侧的硬玉，反光照射时也会因为折光率低于两侧的矿物而显得相对较暗，正因为这样，当我们在侧反光条件下观察翡翠表面时，就会清楚地看到，明亮的硬玉矿物之间被一道道位置较低、反光较弱的沟渠所隔开，这些沟渠沿矿物颗粒边缘和裂纹分布，互相联接，互相沟通，像一张大网，有人称这种现象为“橘皮效应”，这就是酸蚀纹，也有人称为“晶界缝”，也是翡翠B货的典型结构。只要看到这种结构就可以百分之百的肯定这是经过强酸漂洗的翡翠。

（3）绿色网纹

过去，染色技术比较落后，染色翡翠表面色深，向内变浅，裂纹中色深，向两侧变浅，颜色由外向内渗入的迹象比较明显。以往的染色翡翠在查尔斯滤色镜下泛红，易于鉴别。而今，染色技术也在发展和提高，再也看不到裂纹中色深并向两侧变浅的现象，所见到的是裂纹中的绿色和两侧一样，甚至比两侧还淡一些。用查尔斯滤色镜观察也不泛红了，以往的那些鉴别染色翡翠的依据都不太可靠了，只能作为参考。现今，确定翡翠是否染色的最可靠依据是看翡翠中绿色是不是呈网纹状，有时这种网纹很细，肉眼很难分辨，必须借助于30倍放大镜才能看清楚。这种绿色网纹是最可靠的染色证据。一定要在透射光下观察，而且要用30-60倍放大镜透光观察。

（4）紫外荧光

在长波紫外灯下，A货无荧光，B货和C货均有荧光。B货的荧光来自贯入的固结物（树脂、硅胶等），常呈白色或亮黄色荧光，C货多显黄色荧光。

图3S-18-20 18K金翡翠戒指

图3S-18-21 翡翠戒指和耳钉

十 10 镀膜翡翠、再造翡翠和合成翡翠

镀膜翡翠是在白色或微带绿色的翡翠表面涂抹或喷上一层绿色胶，干燥后，绿色胶就像一层膜一样把色淡的翠包裹起来，使其档次“提高”，像人穿了一件漂亮衣服一样，因此又称为穿衣翡翠。镀膜翡翠颜色艳丽、均匀，在滤色镜下不变色。透过镀膜可以看到天然翡翠的翠性、交织结构。这种镀膜翡翠表面平整、光亮，无沟渠，没有酸蚀纹，也没有绿色网纹，不注意观察很容易上当。鉴别特征主要有：由于镀膜硬度小，用放大镜观察表面，有多向不规则擦痕，时间长了经多次磨损会有破洞。用小刀或针刻划表面会轻易留下痕迹，甚至会有绿色小片脱落。微火烧（火柴、热针）会有异味产生，并将镀膜烧化。用酒精擦其表面，棉球会沾上绿色。

图3S-18-22 翡翠挂坠

再造翡翠是近年来伴随翡翠的涨价越来越多出现在市场上的翡翠假冒品，据文献报导，目前市场上的再造翡翠至少有两种：一种是把劣质翡翠打成粉末加入玻璃料烧结而成，这种再造翡翠没有翠性，密度和折光率略低于天然翡翠；另一种是把翡翠的边角料和劣质翡翠打成碎渣，并和玻璃渣混合，然后加温烧制，由于玻璃的软化温度只有600C°，而翡翠的熔点是1700C°左右，加热混合料至玻璃能流动（此时翡翠碎渣仍完好无损），然后压入各种模具（观音、佛等），冷却后取出就制成了具有很多A货特征的再造翡翠。透光观察可以找到交织结构，反光观察有翠性，表面没有酸蚀纹，透光看也没有绿色丝网，酷似翡翠A货，带有很大的迷惑性。很多商贩把它作为翡翠A货出售，而且理直气壮地喊出“绝对A货假一赔百”的承诺。这种再造翡翠的鉴别有三个要点：一是没有刀痕。因为它是浇铸而成，所以不可能有刀痕。而翡翠A货饰品，无论手工还是机雕，都会在一些不易抛光的部位留下刀痕。第二个要点是“流动构造”。因为混有翡翠碎渣的软化玻璃是粘稠的，必须给它一定的压力才能进入模具，这种压力就会使翡翠碎渣的长轴方向顺压力方向排列形成流动构造，这是区别于翡翠A货的重要特征。第三个重要特点就是“微波纹”的不连续，可以说这是最重要、最可靠的一条。“微波纹”是翡翠A货交织结构的直观表现，是连续的整体。再造翡翠的“微波纹”仅仅局限在各个小碎块中，碎块与碎块之间被玻璃隔开，玻璃是没有“微波纹”结构的，这就造成了“微波纹”的间断。如果我们在一件翡翠饰品上发现这种A货特有的“微波纹”被局限在很多小的范围内，之间不连

续，这就足以表明这是一件再造翡翠饰品。

图3S-18-23 18K金翡翠戒指和挂件

图3S-18-24 18K金翡翠戒指

合成翡翠技术的研究始于1963年。1984年12月美国通用电器公司制造出世界上第一块合成翡翠，但由于技术不成熟，合成翡翠的透明度差，颜色不正，无“翠性”，直到2010年这项研究有了新的进展。据报导，美国宝石学院（GIA）首席宝石鉴定师John I. Koivula，在一次GIA台湾校友会所举办的研讨会上，带来一粒由美国奇异公司（GE）制作的合成翡翠，重量为5.2克拉（图3-18-01）。这种合成翡翠的成分、结构、折射率、比重和吸收光谱，都与天然翡翠相同，肉眼和常规鉴定无法区分，必须动用大型高端仪器才能鉴别。这种合成翡翠目前尚在研究阶段，何时能投放市场还难以预料。据悉已有业者向奇异公司表达商业合作的意愿。一旦这种宝石级翡翠投放市场，势必会对翡翠市场带来巨大的影响。

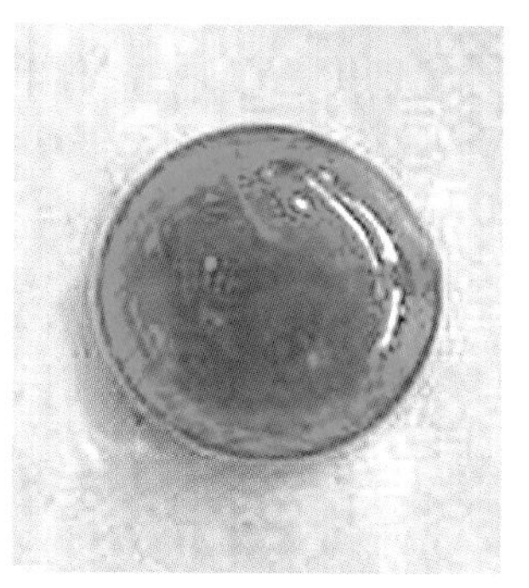

图3-18-01 美国奇异公司（GE）制作的5.2克拉宝石级合成翡翠

十一 翡翠的评价

国标《GB-T23885-2009翡翠分级标准》已经出台，但运用到实际中还需有个过程。民间翡翠评价仍是借用钻石评价的“4C”原则，即：颜色、净度、重量、切工，再加上结构和透明度，简称“4C2T”原则。商业上评价翡翠，讲的是色、种、水，同时注意裂绺和加工工艺。商业上的评价标准实际就是“4C2T”原则的具体应用。

1. 颜色

绿色是翡翠的灵魂，也是翡翠的价值所在。人们在长期的翡翠交易中总结出了绿色评价的种种标准，例如：“浓、阳、正、俏、和”；“浓、阳、正、匀”等，所谓“浓”并不是越浓越好，太浓会影响透明度，给人以沉闷的感觉，太淡则不够艳丽，所以对“浓”的

图3S-18-25 18K玫瑰金翡翠戒指

理解应是浓淡适中，而不是越浓越好。郭颖提出的“纯正、浓艳、均匀、协调”，既准确、又直观地概括了以往各种颜色评价标准，同时也体现了当今人们的审美观点。

纯正

指的是不带杂色调的绿色，是纯正的绿或者是微带黄色调的绿，所谓“祖母绿色”、“艳绿色”、“帝王绿”等美好词汇都是对绿是如何纯正的描述。如果绿色中掺杂有其他杂色调（灰、褐、棕、黑、蓝等），那就说明绿色不够纯正，这些色调越重，价值越低。

浓艳

顾名思义就是颜色又浓又艳，指颜色的饱合度和明亮程度搭配得恰到好处，如果色太浅就会造成虽然明亮但不够艳，色太浓又显得沉闷而不亮。所以，颜色浓淡和明亮恰到好处的搭配才能有又浓又艳的效果。

均匀

虽然人们希望绿色是越匀越好，但在天然条件下形成的翡翠不可能达到绝对的均匀，均匀与不均匀只是相对而言。

协调

有时绿色分布虽然不够均匀，但绿色和周围地子颜色的搭配却很协调，也很受人们的喜爱。例如：紫、绿搭配称为春带彩，翡、绿、紫共存叫“福禄寿”，如果再有白就叫“福禄寿喜”。

要注意的是，评价绿色不要在强光下、不要在透射光下，要在自然反射光下进行。

图3S-18-26 18K玫瑰金翡翠戒指和吊坠

2. 细腻程度（结构）

构成翡翠的硬玉矿物颗粒的粗细、组合关系在岩石学中称为结构。翡翠的细腻程度分为如下四级：

极细粒

在10倍放大镜下不可见，矿物粒径<0.1mm；

细粒

10倍放大镜隐约可见，矿物粒径0.1–1mm；

中粒

10倍放大镜易见，肉眼隐约可见，矿物粒径1-2mm；

粗粒

肉眼可见，矿物粒径>2mm。

国标《GB-T23885-2009翡翠分级标准》中把细粒和中粒这两个粒级细分为细粒（0.1-0.5mm）、较细粒（0.5-1mm）和较粗粒1-2mm）三级。极细粒和粗粒同上述一致，共分为五级。

矿物颗粒的粗细大小直接影响翡翠的透明度和打磨光洁度。颗粒越细，透明度越高，越光亮；颗粒极细小就是俗称的老坑玻璃种；颗粒细到一定程度，翡翠呈半透明状，就会有起莹、起胶的光学现象。起莹是细小矿物晶体有序排列的光学现象；起胶是细小矿物晶体无序排列的光学现象。色融于底，色调均匀，不见色根，肉眼观察无棉、无杂质，起莹明显的浅色玻璃种称为龙石种。

3. 透明度

透明度指翡翠的透光程度。由于翡翠是矿物集合体，不是单晶，不可能像祖母绿那样透明。民间通常把翡翠的透明度分为：亚透明、半透明、微透明、不透明等几个档次。国标《GB-T23885-2009翡翠分级标准》中把翡翠的透明度分为透明（玻璃地）、亚透明（冰地）、半透明（糯化地）、微透明（冬瓜地）、不透明（瓷地）等五个级别。

珠宝业内人士常用光的穿透深度来表示玉的透明度（如：2分水即表示光能穿透6毫米）。翡翠的透明度越高越上档次。

很多人把透明度和水等同起来，认为水就是透明度，透明度就是水，只是叫法不同而已。其实这种认识是不准确的。因为，透明度是矿物岩石的一种光学物理性质。透明度好只是水好的先决条件，水好透明度必然好，但透明度好未必水就好，例如透明的水晶并没有水。水是翡翠特有的，是透明度、种、地子的综合作用产生的一种光学效果，也可以说水是人的一种感觉。

图3S-18-27 红翡绿翠小雕件

4. 净度（裂绺、杂质的多少）

裂绺、杂质过多会影响颜色、透明度和打磨光度。裂隙，特别是贯通性裂隙的存在将会大大降低翡翠的价格。翡翠中的白色絮状小者叫“棉”，大者叫“石花”，聚合成团叫“石脑”，形成小空洞并有深色矿物充填者称“棕眼”。这些絮状物含量太多就会影响翡翠的价值。国标《GB-T23885-2009翡翠分级标准》中把翡翠的净度分为：极纯净、纯净、较纯净、尚纯净和不纯净五个级别。

图3S-18-28 翡翠项链和耳坠

图3S-18-29 翡翠吊坠和耳坠

切工和重量在评价中的作用是不言而喻的，同样品质但切工和重量不同的两件东西，谁也不会去喜欢又轻、工艺又不好的那件。

商业上常用颜色、种、水来评价翡翠的质量。色主要指的是绿色。绿色是翡翠的灵魂，种是翡翠的生命，二者相互依托，相互映衬，缺一不可。好绿色必须有好种相配，种不好的绿色没有灵气。种与色共同决定着翡翠的品质和价格，不能片面的只强调某一方面。

在商业上把翡翠分为三级：特级、商业级、普通级。

特级

又称为帝王翡翠，指颜色翠绿（祖母绿），色纯正、浓艳、均匀，透明度高，质地细腻，无裂隙，即所谓老坑玻璃种帝王翡翠。这种翡翠十分难得，价格极为昂贵。

商业级

又称商业翡翠，这种翡翠的绿色中常夹杂有其他色调，绿色浓淡分布不太均匀，半透明—不透明，质地致密细腻。色较艳、透明度较高者为上品，价格也较昂贵。

普通级

又称普通翡翠，颜色多呈淡绿色、豆绿色、菠菜绿、油绿等不鲜艳的绿色，浓淡不一、分布不均，大多不透明。结构较粗，常有裂。优质可用于首饰，大多用于制作工艺品。

由于翡翠B货、B+C货外观漂亮，是很好的装饰品，也是高端翡翠A货的代用品，虽说没有收藏投资价值，但也不会贬值，其价格也会随物价的上涨而有适当的提高。网络上一些人把翡翠B货和B+C货视为洪水猛兽，甚至说这些饰品“有放射性”、“能放出毒素”等等，这些说法是没有科学根据的。

如果把B货和B+C货作为A货销售，那就是欺诈了。

图3S-18-30 18K金翡翠戒指

第十九节　软玉（和田玉）

PART19　Nephrite （ Hetian Jade ）

软玉（和田玉）在我国至少有7000年的悠久历史，是我国玉文化的主体，是高尚、美丽、纯洁的象征，具有极深厚的文化底蕴。软玉是名贵玉种之一，主要产在中国，其次有美国、加拿大、俄罗斯、韩国等，其中以中国新疆产的和田玉质量最佳。因此有人称软玉为中国玉。

图3S-19-01 和田白玉小挂件

一　软玉（和田玉）的物理性质

软玉是以透闪石和阳起石为主的矿物集合体。化学表达式为$Ca_2(Mg,Fe)_5Si_8O_{22}(OH)_2$，其中如果Mg含量占（Mg+Fe）总量的90%以上为透闪石，Mg含量占（Mg+Fe）总量的50-90%为阳起石，<50%为铁阳起石。组成软玉的主要矿物成分是透闪石-阳起石连续类质同象矿物，含铁量少者为白色，伴随铁含量的增加绿色逐渐变深，当主要由铁阳起石组成时为绿黑—黑色。我国新疆和田产的白玉透闪石含量在95%以上，另外含少量透辉石、绿泥石、蛇纹石等天然矿物。

透闪石呈微晶质-隐晶质，交织在一起形成纤维交织毡状结构，质地十分细腻，手摸有滑感。由于矿物交织疏密不同，常出现不透明的花斑。软玉可呈油质光泽、腊状光泽和玻璃光泽。微透明—不透明，少量可达半透明。硬度6-6.5，密度2.95g/cm3。由于软玉是非均质矿物集合体，所以放在正交偏光系统中旋转一周始终明亮，无消光现象。软玉在滤色镜下不变色，长波紫外灯下也无荧光。软玉的韧性极好，是常见宝玉石中韧度最高的。

当纤维状透闪石、阳起石呈定向排列时，把宝石琢成弧面就会有猫眼效应，称为软玉猫眼。

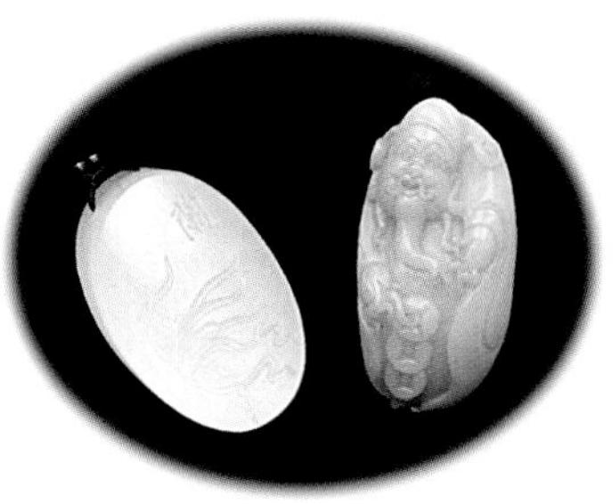

图3S-19-02 和田白玉、青白玉手把件

二　软玉的主要品种 2

和田玉按颜色可分为白玉、青玉、青白玉、碧玉、墨玉、青花玉、黄玉、糖玉八种。

白玉

含透闪石95%以上，颜色洁白，可略泛灰、黄、青等杂色，质地纯净、细腻，是和田玉的优良品种。其中洁白无瑕、特别细腻滋润、微透明、油脂光泽、宛如羊脂者称为羊脂白玉，含透闪石99%以上，是白玉中的上品。

青玉

色呈淡青、青绿、灰白者称为青玉，产量大。

青白玉

颜色介于白玉和青玉之间，以白色为基础色，略泛淡青、绿色调，质地与白玉无显著差别。

碧玉

以绿色为基础色，常含点状黑色矿物，常呈绿、灰绿、黄绿、暗绿、墨绿等色，颜色较柔合、均匀，以颜色纯正的墨绿色为上品。

图3S-19-03 和田碧玉手镯

图3S-19-04 和田白玉小雕件

墨玉

由于含分散状石墨，使颜色呈灰黑色或黑白相间的条带状，黑色分布范围必须占60%以上才可称为墨玉。

青花玉

基础色为白色、青白色或青色，夹杂20-60%的黑色，黑色呈点状、叶片状、条带状、云朵状分布。

黄玉

米黄—黄—深黄色，有时微泛绿色调，是地表水中的褐铁矿渗入白玉形成的，非常珍贵。

糖玉

糖色是用红糖颜色形象的类比，有黄、褐黄、红、褐红色，糖色是一种次生色，是地表风化作用造成铁的浸染形成的，当糖色占30-80%时，可在玉石原名前冠以“糖”字，例如：糖羊脂白玉、糖白玉、糖青白玉、糖青玉等。当糖色在80%以上时可直接称为糖玉。

软玉按产状又可分为山料、山流水和籽料：

山料

就是直接在山上开采的原生矿，又称山玉、碴子玉、宝盖玉，其特征是形状各异，棱角分明，质量不一。主要有白玉、青玉，也有碧玉和糖玉。

籽料

又名子玉，产于现代河床两侧及阶地（被地壳运动抬升的古河床）中，常呈卵形，表面光滑，致密坚硬，由于经过大自然的搬运、冲刷筛选，一般质量较好。已发现玉种有白玉、青白玉、青玉、黄玉、墨玉、碧玉，其中的羊脂白玉和黄玉已经很少见到。

山流水

用地质述语表述就是产在坡积、洪积物中的玉料。一切特征都介于山料和籽料之间。所见玉种有白玉、青玉、墨玉和碧玉。

三 广义的和田玉和狭义的和田玉

以往的和田玉指产在和田的软玉，有地域的含义，这就是狭义的和田玉。

按现行国标“GBT 16552-2010 珠宝玉石名称”的规定，如今称的和田玉已没有地域的概念，软玉就是和田玉，和田玉即软玉，也就是说，凡是以透闪石、阳起石为主要成分的岩石都可称为和田玉，这就是广义的和田玉。于是在市场上就出现了不管是产在哪里的软玉都挂上和田玉的招牌。按现行国标的规定，这种行为不能视为欺诈。目前市场上的软玉饰品除了产自新疆和田外，还来自我国青海、俄罗斯、韩国、加拿大等地，它们的主要矿物成分都是透闪石和阳起石，都是软玉，都可称为现行国标所称的和田玉。近年来在我国贵州新发现的以透闪石、阳起石为主要矿物成分的“罗甸玉”，也以和田玉的身份进入市场。把这几个产地中各自最优质的品种拿出来对比，最优质的软玉是产在我国新疆和田，但这并不意味着凡是产在和田的软玉就一定优于其他地区。其他产地的上等玉料虽不及和田产的上等料，但绝对优于和田的普通料，在和田上等羊脂白玉越来越少的情况下，能有其他产地的优质上等料也是很难得的，所以，产地并不是最重要的，最重要的是玉本身的品质。

图3S-19-05 和田白玉手牌

图3S-19-06 和田碧玉项链

四 软玉的鉴定特征及与相似玉石的区别

软玉的主要鉴定特征是：细腻

温润的质地，毛毡状交织结构，硬度6-6.5，颜色比较均一。与其相似的玉石主要有：岫玉、石英岩、阿富汗白玉（大理岩）、玉髓，仿制品主要是玻璃。

图3S-19-07 碧玉手镯

图3S-19-08 青玉手镯

图3S-19-9 和田白玉手镯

岫玉

黄绿色软玉和白玉与对应颜色的岫玉在外观上很相似，经常把岫玉作旧冒充古和田玉。岫玉和软玉最大的差别是硬度，用小钢刀刻划，能刻动者为岫玉，刻不动者为软玉，如手边无小刀时可看刀痕：刀痕处起毛者是岫玉，不起毛者是软玉。从饰品的光亮度也可间接地反映硬度的差别，软玉的硬度明显高于岫玉，硬度越大抛光越亮。另外，岫玉的透明度一般比软玉好。软玉一般为油质光泽，而岫玉则为腊状光泽。软玉的密度比岫玉大，手感要沉一些。岫玉常有云朵状内含物，软玉常出现不透明的花斑。

石英岩

白色石英岩与白玉在外观上很相似，区分二者主要看光泽、结构、透明度和密度。软玉多为油脂光泽，好像外表抹了油似的，石英岩多为玻璃光泽。软玉是毛毡状结构，石英岩是粒状结构。石英岩的透明度一般高于软玉。由于软玉的密度大于石英岩，所以同样大小的饰品，石英岩要轻于软玉。

阿富汗白玉

简称阿玉，外观与白玉非常相似，有些商贩会告诉你，这就是白玉，只不过是产在阿富汗。在旧货市场大门外的马路边，经常有一些游动商贩拿阿富汗白玉冒充和田白玉欺骗过往行人，稍不注意就会上当受骗。事实上，阿富汗白玉是一种大理岩，是白色方解石的集合体，洁白温润，有的还很细腻，根据光泽、结构构造和硬度很容易将二者区分：和田白玉多呈油质光泽，阿玉是玻璃光泽；和田白玉是毛毡结构，阿玉是粒状结构，在反射光下常可见到方解石的闪光解理面；和田白玉整体很难见到层纹，多为块状构造，而阿玉却经常可见不太平直的层纹构造；阿玉的硬度只有3，而白玉是6-6.5，用小钢刀一试便可区分。

玉髓

绿色玉髓外观很像绿色软玉，可根据下列特征来区分：白玉是毛毡结构，10倍放大镜透光观察隐约可见矿物轮廓，玉髓是隐晶质石英集合体，放大镜也难以看到矿物颗粒；玉髓的透明度一般较好，常呈半透明，而白玉一般为微透明；白玉多为油质光泽，玉髓是玻璃光泽。

玻璃（料器）

在旧货市场经常可以见到用这种白色玻璃制品冒充白玉，其特征是：乳白色，半透明-不透明，用放大镜观察，经常可见大小不等的圆形气泡。另外，这种料器的密度一般为2.6g/cm³左右，明显低于白玉。

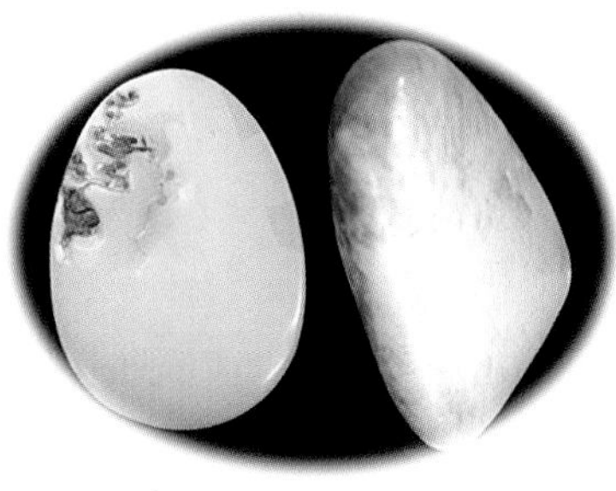

图3S-19-10 和田白玉小雕件和籽料

五 和田玉的评价

和田玉的评价，要全面考虑质地、光泽、颜色、块度和净度等方面。无论是软玉饰品还是原石，质地要求细腻、光洁、油润无瑕，绺裂越少越好。品质好的软玉都是油脂光泽，其次是油脂一玻璃光泽。颜色越柔和、越纯正、越均匀越好；块度越大越好；裂越少、越完整越好；瑕疵越少、净度越高越好。如果是同样品质和块度的软玉，带皮的籽料价值最高，其次是山流水，再次是山料。

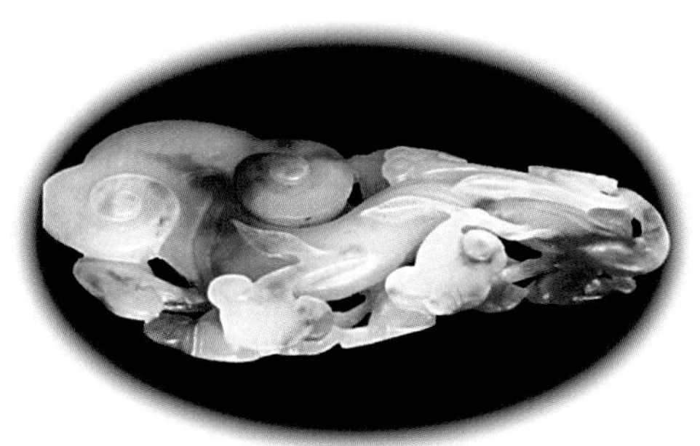

图3S-19-11 和田白玉雕件

图3S-19-12 和田白玉雕件

第二十节　石英质玉石

PART20　　Quartz jade

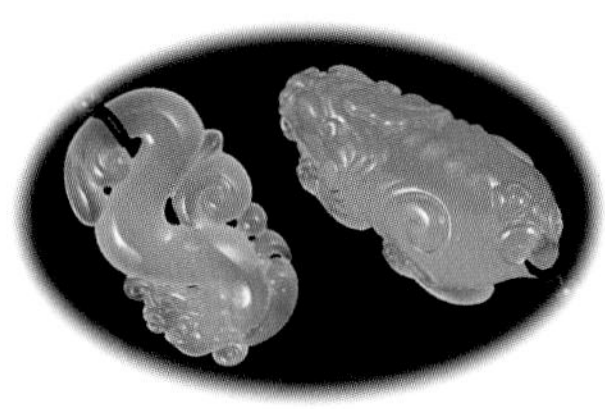

图3S-20-01 玉髓挂坠和手把件

石英矿物在地壳中分布极为广泛，以石英为主要矿物成分的玉石种类繁多，按其特点分为隐晶质、显晶质和假像石英质玉三大类。隐晶石英质玉主要包括玛瑙 、玉髓。显晶石英质玉主要是各种石英岩。假像石英质玉包括木变石（虎睛石、鹰睛石）、硅化木等。

一 1 石英质玉石的基本性质

石英质玉石的化学表达式是SiO_2，主要矿物成分是石英，常含少量云母、绿泥石、褐铁矿等。隐晶质—显晶质粒状结构。抛光面为玻璃光泽，断口为油质光泽，透明—微透明，硬度6.5-7，密度2.62g/cm^3左右。石英质玉石的颜色比较丰富，纯净时表现为无色，当含有其他微量元素或含有其他矿物时会呈现不同的颜色，主要颜色有：白、灰、黄、褐、橙红、绿、蓝色。用正交偏光观察始终明亮不消光。石英颗粒之间有空隙，易染色。

二 2 隐晶石英质玉

所谓隐晶质就是指石英颗粒的粒径<0.01mm，不仅用肉眼看不到矿物轮廓，就是用30倍放大镜也难看清。按传统分类，隐晶石英质玉分为玉髓和玛瑙两大品种。按现行国标《GBT 16552-2010 珠宝玉石名称》，把玛瑙归入玉髓类，也就是说把玛瑙作为玉髓类的一个品种来对待，这样一来，把玛瑙称为玉髓也就不错了，或者可以称玛瑙就是有条带构造的玉髓。

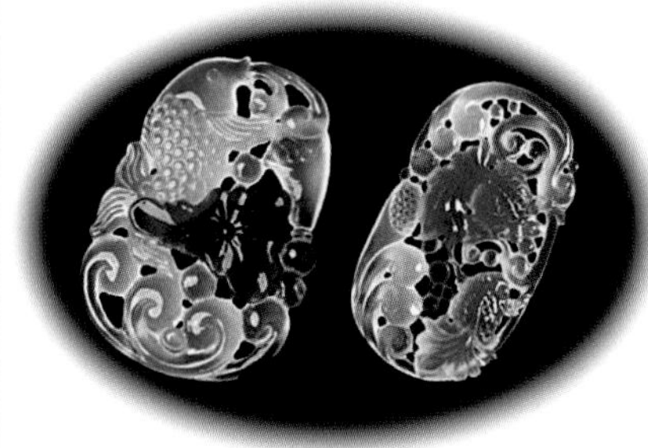

图3S-20-02 冰彩玉髓挂坠

1. 玉髓

玉髓按颜色可分为白玉髓、绿

玉髓、红—黄玉髓、蓝玉髓。

白玉髓

又称光玉髓，与月光石相仿。不同点是月光石有特殊的月光效应，玉髓没有。白玉髓成分单一，白—灰白—灰色，半透明—微透明，给人以冰清玉洁的感觉，人们喜爱它称为“冰彩玉髓”。

绿玉髓

由于含少量能致绿色的微量元素（主要是Cr、Ni、Fe等）或矿物（如：绿泥石、阳起石等），使玉髓呈现出不同色调、不同深浅的绿色，半透明—微透明。产自澳大利亚的绿玉髓被人们称为澳玉，颜色比较均匀，绿色中微带黄色调，有时可呈现出鲜艳的苹果绿色，青翠欲滴，美观喜人，酷似冰种翡翠，很受人们喜爱。在澳大利亚和英国，把绿玉髓和祖母绿同作为五月的生辰石。美国加州、乌拉圭、巴西和俄罗斯乌拉尔也有绿玉髓产出。

红—黄玉髓

通常呈黄—褐黄—褐—褐红色，由微量铁致色，由于含铁量的不同造成深浅不同的褐、黄、红色调，微透明—半透明。这几年兴起的云南黄龙玉，新疆金丝玉，广东台山玉都属于黄—红玉髓这一品种。

台山玉

产于广东台山的一种酷似寿山石的玉髓，色彩丰富多样，寿山石的各种颜色在台山玉中均可找到。质地细腻，蜡状至油脂光泽，矿物组成是：90%的隐晶质石英，3%-6%的绢云母，2%左右的伊利石，2%的绿泥石。由于是隐晶质绢云母、伊利石和隐晶质石英的组合搭配，使得台山玉既坚硬又温润，而且韧性特别好。台山玉集中了寿山石和玉髓的优点，近年来身价倍增。

黄龙玉

黄龙玉就是一种黄玉髓，2004年发现于云南省龙陵，主色调为黄色和红色，兼有白、黑、灰、绿等色。质地细腻油润，半透明—微透明。有人赞美黄龙玉是“黄如金、红如血、绿如翠、白如冰、乌如墨”，还有人称赞黄龙玉有“和田玉之温润、田黄之色泽、翡翠之硬度、寿山石之柔韧”。对这种黄玉髓最初人们称为“黄蜡石”，又称“龙黄石”，由于产在龙陵，又以黄色为主色，故最终得名为黄龙玉。黄龙玉确实是一种好玉料，但由于过分的商业炒作，多少给人们心

图3S-20-03 澳玉（绿玉髓）吊坠

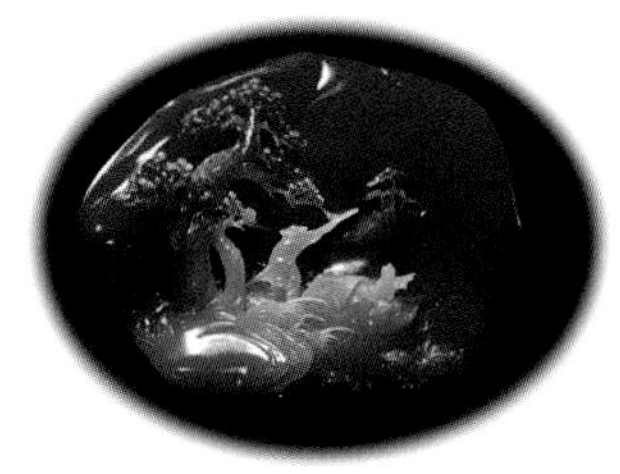

图3S-20-04 台山玉（玉髓）雕件

图3S-20-05 黄龙玉（黄玉髓）小挂件

图3S-20-06 金丝玉（玉髓）吊坠

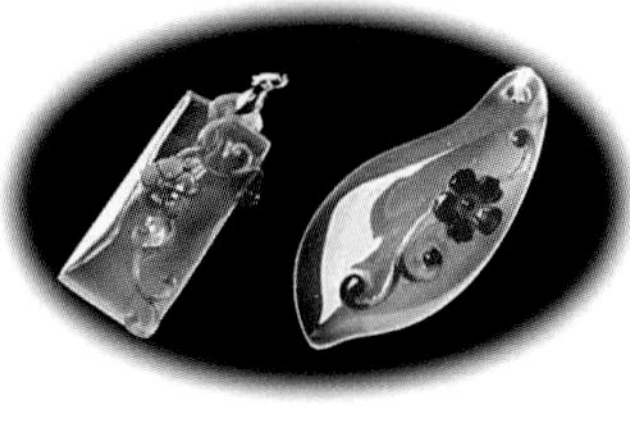
图3S-20-07 冰彩玉髓吊坠

图3S-20-08 绿玉髓链牌

里留下了一丝阴影。

"金丝玉"

又称"硅质田黄"，实际上也是一种黄玉髓，产于中国新疆克拉玛依市乌尔禾区魔鬼城、戈壁滩、沙漠等地域，因产地在古丝绸之路，玉石又为金黄色，内部带萝卜纹，所以称为"金丝玉"。也有人把这里产的玉石称为"雅丹玉"，只把其中金黄色，内部带萝卜纹的称为"金丝玉"。还有人因为这种玉产于新疆的戈壁地区，所以称为"戈壁玉"，也有人称为"克拉玛依玉"、"新疆彩玉"、"新疆雅丹彩玉"，如此之多的名字恰恰反映了人们对这种玉石的喜爱！这种玉石虽然基本色是红、黄、白、黑，但扩展色有数十种，色彩极为丰富。质地细腻致密，经雕刻后具有很高的观赏、收藏价值。

蓝玉髓

灰蓝、蓝、蓝绿色。台湾蓝玉髓由铜（Cu）致色，高质量的台湾蓝玉髓颜色纯正、均匀，透明度高，酷似高档翡翠，非常迷人，被誉为"台湾蓝宝"。美国和印度尼西亚也有蓝玉髓产出，但质量低于台湾蓝玉髓。

碧石

也有人称为"碧玉"，但绝不是软玉中的那个"碧玉"。碧石也是一种以隐晶质石英为主的矿物集合体，但因含粘土矿物和氧化铁而不透明，杂质含量最多可达20%。也可以说是一种不透明的玉髓。通常按颜色命名，例如：红碧玉、绿碧玉。如有不同颜色的条带构成犹如风景般的图案，称为风景碧玉。在暗绿色的基底上散布有棕红—褐红色斑点的碧玉称为血滴石，深受人们喜爱。大块碧石常作为观赏石。

2. 玛瑙

按现行国标《GBT 16552-2010 珠宝玉石名称》的规定，玛瑙也算玉髓这个小家族的成员，是有条纹、条带状构造的玉髓。条纹（条带）呈不规则波浪状、曲线状，相互平行。条纹（条带）宽度不一（细如马尾，宽如发带），颜色搭配协调。玛瑙种类繁多，民间有"千般玛瑙万种玉"的说法，玛瑙按颜色可分为：红玛瑙、蓝玛瑙、绿玛瑙、紫玛瑙、白玛瑙、黑玛瑙，按构造和杂质可分为：缠丝玛瑙、水胆玛瑙、水草玛瑙等。

红玛瑙

褐红色、酱红色、黄红色等红色调为主的玛瑙都可称为红玛瑙。当其中夹有白色、黄色等颜色和谐的条纹（条带）时称为缟红玛瑙。红玛瑙可分为天然红玛瑙和热处理红玛瑙两种，二者致色机理相同（Fe^{3+}致色），而且都永不褪色。二者区别是，热处理红玛瑙颜色比天然红玛瑙更鲜艳，热处理红玛瑙内夹的其他颜色条纹（条带）界线模糊、渐变。天然红玛瑙中所含其他颜色条纹（条带）界线清晰。在这里需要重点介绍的是目前市场上热卖的战国红玛瑙和南红玛瑙。

“战国红玛瑙”

顾名思义应该是指战国时期所流传下来的红玛瑙，其实并不是，因为无论是史料还是民间都没有“战国红玛瑙”这种称呼。当今玩家所称“战国红玛瑙”，是近年来在辽宁朝阳和阜新交界地区产出的一种缟红玛瑙，因其特征很像战国时期出土的缟红玛瑙，于是就把这种玛瑙称为“战国红玛瑙”。目前市场上所称的“战国红玛瑙”有很强的地域概念，多少也带有一点商业炒作的味道。

南红玛瑙

南红玛瑙也有着浓厚的地域色彩，指产自云南保山（滇南红）、甘肃迭部（甘南红）、四川凉山（川南红）的带红色调的玛瑙，每个产地的玛瑙又可根据颜色细分为若干个品种，例如：锦红、橘红、柿子红、玫瑰红、朱砂红、红白料、缟红料等。其中甘南红的色彩明亮、纯正、浑厚，色域较窄，多介于橘红至大红之间。滇南红裂较多，但色域较宽，可出现粉红、橘红、朱红、褐红等色种，但多带有灰色调。川南红多带厚薄不等的皮壳，颜色以锦红、柿子红为上品，还有朱砂红、红白料、缟红料等。

蓝玛瑙和绿玛瑙

天然蓝玛瑙产于巴西，其特征是蓝色和白色条纹（条带）相间排列，界线清晰；天然绿玛瑙目前尚未见报道。市场上出现的绿玛瑙和大部分蓝玛瑙都是人工染色品。特征是色艳且均一。

紫玛瑙

天然紫玛瑙产于巴西，淡紫色，柔和动人。市场上出现的紫玛瑙大部分是人工染色品。按现行国标《GBT 16552-2010 珠宝玉石名称》的规定，对玛瑙和玉髓进行染色处理属于优化，在出售时不必特别说明。

黑玛瑙

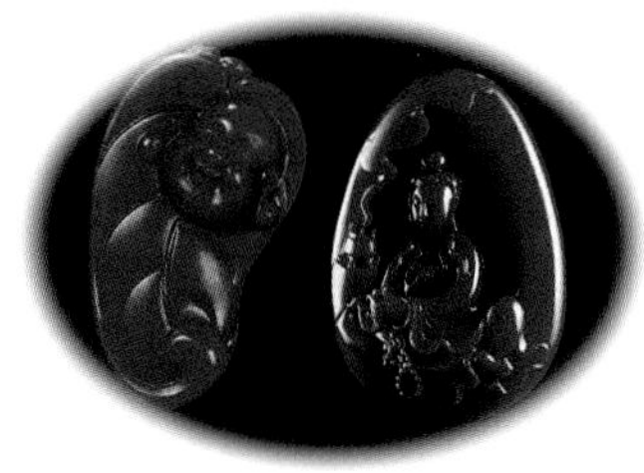

图3S-20-09 南红玛瑙挂件

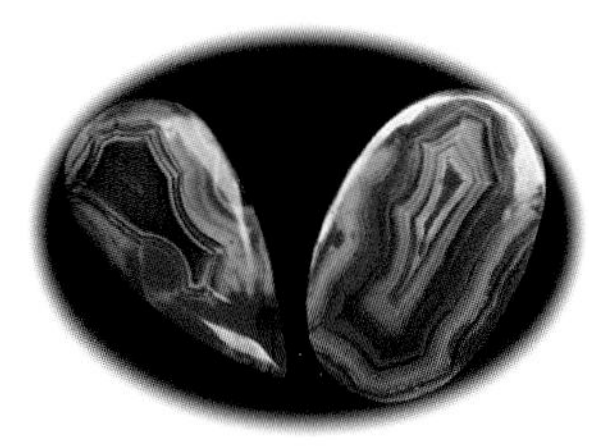

图3S-20-10 战国红玛瑙（缟红玛瑙）小挂件

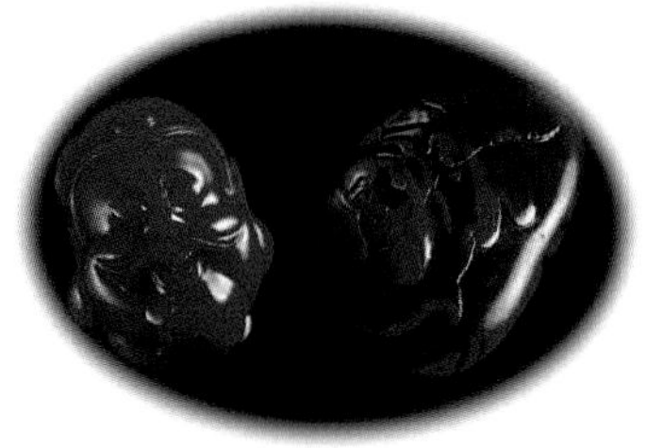

图3S-20-11 南红玛瑙小雕件

图3S-20-12 南红玛瑙挂件

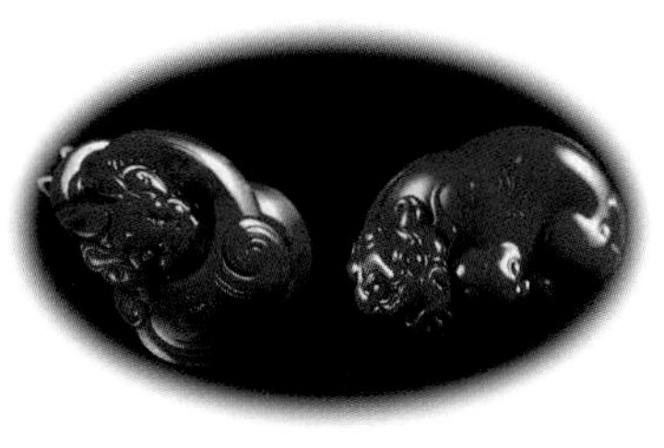
图3S-20-13 南红玛瑙小雕件

纯黑的整块黑玛瑙在自然界极少见，多为因有机质含量不均而呈现出深浅不同的条带，当出现黑白相间的条带时称为缟黑玛瑙。市场上出现的纯黑玛瑙大部分是人工染色品。

白玛瑙
指白色、灰白色、灰色、灰青色相间分布的浅色玛瑙，这种玛瑙一般均为天然品。

玛瑙按构造和所含杂质特征又可划分出如下品种：缠丝玛瑙、水胆玛瑙、苔纹或称水草玛瑙。

缠丝玛瑙
其特征是不同颜色的条纹细如丝，平行排列、弯曲延展，像丝缠绕在玉石上一般，故称缠丝玛瑙。条带较宽者称为缟玛瑙。

火玛瑙
在玛瑙的微细层纹之间含有铁红色赤铁矿，如果切割磨制恰当，在光照射下会产生薄膜干涉效应，出现美丽的晕彩。这种火玛瑙只在美国和墨西哥发现。

水胆玛瑙
指玛瑙中有空洞，空洞中有水，水多时来回摇动可听到声音。市场上出售的水胆玛瑙很多是人工后期注水进去的，购买时注意寻找被胶封口的微小注水孔或裂纹。

水草玛瑙
指以氧化锰、氧化铁或绿泥石沿玛瑙微裂纹充填，横断面透光观察呈树枝状、苔藓纹状、水草状、风景状，故称水草玛瑙、苔藓玛瑙、风景玛瑙。

南京雨花石也与玛瑙有关，雨花石的概念有广义和狭义之分，广义的雨花石泛指产于雨花台和相临的六合、仪征等地的各种卵形砾石，既包括了各种玛瑙，也包括了石英岩、火山岩、硅质岩、蛋白石等各种岩性的卵形砾石；狭义雨花石单指其中的玛瑙卵形石。这些玛瑙雨花石色彩丰富，图案美妙绝伦，深受人们的喜爱。

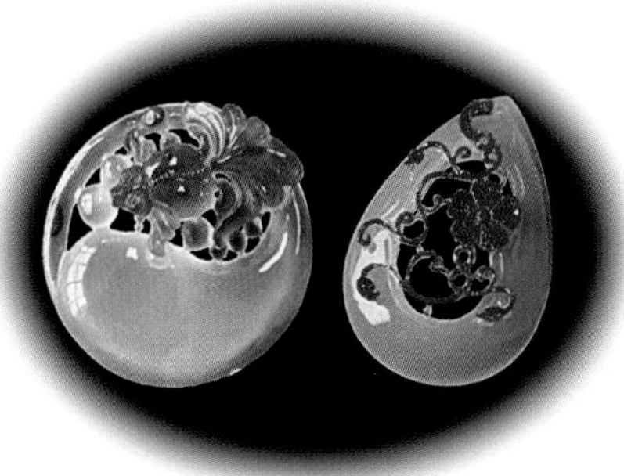
图3S-20-14 冰彩玉髓吊坠

天珠又称“天眼珠”，是宗教的一种信物，也是一种身份的象征。主要产在西藏和临近喜玛拉雅山域的一些国家。老天珠是一种含隐晶质石英的九眼石页岩，如今市场上的天珠都是用玉髓玛瑙制作的。

3. 玛瑙和玉髓的仿冒品及其鉴别

玛瑙和玉髓的主要仿冒品是玻璃、大理岩和塑料。

玻璃可制成各种颜色仿冒各色玉髓，也常见苔纹玛瑙的玻璃仿制品。区别是：玉髓和玛瑙是非均质矿物集合体，在正交偏光下永远明亮不消光；玻璃是均质体，用正交偏光检测时永远黑暗不明亮。另外，苔纹玛瑙中铁、锰氧化物分布不规则；玻璃仿制品中的苔藓物包裹体分布既均匀、又规则，玻璃制品中常见气泡和旋涡纹。灰白色条纹状大理岩外貌与灰白缠丝玛瑙相似，仔细观察会发现光照时大理岩有很多小的闪光面，这些闪光面是组成大理岩的矿物方解石的解理面；玛瑙是石英隐晶质集合体，没有解理面闪光。另外，大理岩的硬度不超过3.5，玛瑙硬度7，用小刀一试即可分辨。

4. 玛瑙和玉髓的评价

玛瑙的评价主要考虑颜色、裂纹、块度和特殊结构。

单色玛瑙中以鲜艳的红、红黄为上等色，特别是南红玛瑙和战国红玛瑙近年来成为玛瑙爱好者的新宠。紫罗蓝色、蓝色为上等色。总之，以颜色纯正、艳丽、无灰暗色调为佳。

多色玛瑙以颜色组合花纹美丽，各色之间既有鲜明对比，又互相衬托和谐者为佳。

具有特殊结构的水胆玛瑙比较稀少。

无论哪种玛瑙均以裂纹少，块度大为佳。

玉髓中以台湾蓝绿色的“台湾蓝宝”和苹果绿、葱心绿澳玉为上品，色淡或灰绿者质量差。高质量的血滴石也很稀少。

无论玛瑙或玉髓，染色者均不值钱。虽然按现行国标《GBT 16552-2010 珠宝玉石名称》的规定，玛瑙玉髓的染色属于优化，染色品不必特意说明，可作为天然品销售。但是，随着社会的发展，人们环保和保健意识的增强，染色玉髓和染色玛瑙越来越不受欢迎。因为，染色工艺流程排放的废液中含有大量对环境严重污染的重金属元素。

三 显晶石英质玉

显晶石英质玉指的是，用肉眼或放大镜能看到石英颗粒的石英质

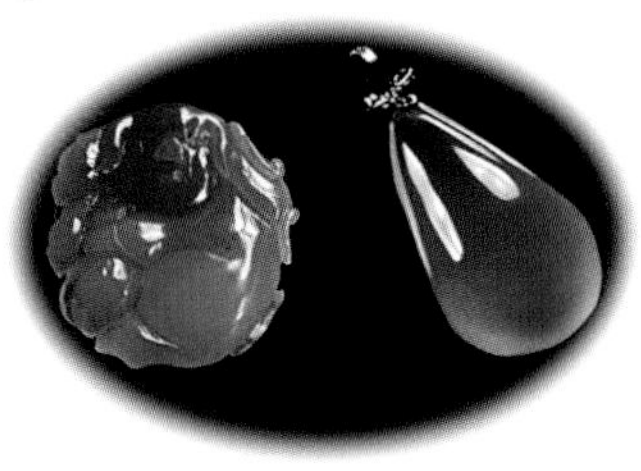
图3S-20-15 黄龙玉（黄玉髓）小挂件

图3S-20-16 澳玉（绿玉髓）戒指

图3S-20-17 黄龙玉（黄玉髓）小雕件

图3S-20-18 东陵玉（石英岩玉）手镯

玉石，矿物粒径除产于缅甸翡翠矿床的石英质水沫玉＜0.1mm外，一般＞0.1mm，多为他形粒状结构，半透明—微透明，玻璃光泽。由于含不同的杂质矿物而显不同的颜色：含铬云母和纤维状阳起石为绿色，含蓝线石为蓝色，含锂云母为紫色，含黄色云母为棕黄色。市场上最常见的是含铬云母呈绿色的东陵玉，由于这种玉石最早主要来自印度，故而得名东陵玉。东陵玉在国内主要产在新疆。目前国内以产地命名的石英岩玉主要有：密玉、贵翠、京白玉。

密玉是产在河南密县的一种石英岩玉，常含鳞片状绢云母。贵翠是天蓝色、浅绿色含细小绢云母石英岩。京白玉是产自北京西山的白色石英岩。

还有一种微晶质石英岩没有用产地命名，那就是产在缅甸，和翡翠、钠长石质水沫玉共生的硅质水沫玉，也是由极细粒石英组成的一种微晶质石英岩玉。有人夸张地说："只有这里产的石英岩才称得上石英岩玉。"这种石英质水沫玉的确很漂亮！晶莹剔透，酷似无色玻璃种翡翠，可以说这种硅质水沫玉是石英岩玉中的极品。

由于石英岩的矿物颗粒较粗，石英颗粒间的空隙也就相对较大，易于染成各种颜色，市场上常见的有染成黄色、绿色、紫色、芙蓉色、红色的石英岩。按现行国标《GBT 16552-2010 珠宝玉石名称》的规定，对玛瑙和玉髓进行染色处理属于优化，在出售时不必特别说明，但对石英岩染色属于"处理"，是必须向购买者讲清楚的。

四 硅化玉（假象石英质玉）

被SiO_2交代形成的石英质玉称为硅化玉，由于基本保留了原物的外观，所以有人称其为假象石英质玉。主要有木变石和硅化木两类。

图3S-20-19 木变石手串

1. 木变石（虎睛石、鹰睛石）

木变石（虎睛石、鹰睛石）是一种硅化石棉，是蓝色钠闪石石棉被SiO_2交代，但又保留了石棉的细如发丝的纤维状外观，抛光后有丝绢光泽，琢成弧面还有猫眼效应，褐黄色长纤维平行密集排列者称木变石。多呈褐黄色、棕黄色，由于有明显的波浪状纤维构造，酷似木纹，故而得名木变石。有些商家称木变石是一种木化石，这是不对的。如果在由蓝石棉向木变石转化的过程中受到构造作用，完整的蓝石棉被破碎成角砾状，之后又被后期热液矿物所胶结，这样就形成角砾状构造，班杂状构造。角砾是硅化石棉，周围是其他矿物，纤维状构造仅限于角砾内部，也就是猫眼效应仅限于角砾内部，当褐黄色、褐红色斑块多于蓝褐色斑块时就像老虎的眼睛，故称为虎睛石。蓝褐色斑块多于褐黄色、褐红色斑块时像老鹰眼睛，故称鹰睛石。

世界上木变石（虎睛石、鹰睛石）储量最多的国家是南非，另外巴西、澳大利亚、纳米比亚、斯里兰卡也有产出，我国目前在河南淅川—内乡一带发现有这类玉石。

图3S-20-20 亿元奇石——小鸡出壳（玛瑙）

2. 硅化木

硅化木是真正的木化石，它保留了树木的木质结构和纹理，只是化学成分变成了SiO_2，根据SiO_2的结晶程度，又可分为三个品种：蛋白石硅化木（SiO_2未结晶）；玉髓或玛瑙硅化木（SiO_2呈隐晶质石英）；普通硅化木（SiO_2呈显晶质石英）。如果被方解石、白云石、磷灰石等其他矿物所交代，那就统称为石化木。硅化木的颜色为土黄、淡黄、黄褐、红褐、灰白、灰黑等，抛光面可具玻璃光泽，不透明或微透明。硅化木的形成一般要经过几千万年乃至上亿年的时间，那些颜色鲜艳、树皮特征完好、年轮清晰的硅化木，集化石、奇石、玉石为一身，凝聚了大自然之精气，既可制作饰件，也可作为观赏石摆放，还有人作为镇宅辟邪之物。

图3S-20-21 硅化木

第二十一节　蛇纹石玉（岫玉）

PART 21　SERPENTINE JADE（XIUYAN JADE）

蛇纹石玉是中国古代四大名玉之一，在中国距今约7000年的新石器文化遗址中出土了大量的蛇纹石玉器。蛇纹石玉在自然界分布极为广泛。根据现行国标《GBT 16552-2010 珠宝玉石名称》的规定，岫玉就是蛇纹石玉的代名词，这个最初以地名岫岩而得名的“岫玉”已失去了产地的含义，岫玉已不光仅仅理解为岫岩产的玉，而是泛指所有的蛇纹石玉。尽管在辽宁岫岩产出的玉石有三种（蛇纹石玉、透闪石玉、蛇纹石玉和透闪石玉混合体），但按国标的规定，岫玉就是单指蛇纹石玉，所以本节只介绍与蛇纹石玉有关的知识。

图3S-21-01 岫玉小雕件

一　蛇纹石玉（岫玉）的基本性质

岫玉是以蛇纹石为主要矿物成分的一种玉石，化学表达式为$Mg_6[Si_4O_{10}](OH)_8$，蛇纹石矿物含量一般在60%以上，其余为透闪石、绿泥石、白云石、菱镁矿、滑石等，颜色有浅绿、翠绿、黑绿、白、黄、淡黄、灰黄等色。岫玉质地细腻，触摸有滑感，显微鳞片纤维变晶结构，常见明显的丝絮状物和像白色云朵似的花斑。蜡状光泽，玻璃光泽，有的呈油脂光泽。半透明—微透明—不透明。纯蛇纹石玉硬度3-3.5，当含透闪石时硬度增加，最大可达6，密度2.44-2.8g/cm^3。含镍时在长波紫外线照射下有较弱的浅白色荧光。

图3S-21-02 岫玉手镯

二　岫玉与相似玉石的鉴别

与岫玉相似的玉石和仿冒品主要有：翡翠、软玉、玉髓和玻璃。

翡翠有翠性，岫玉没有，翡翠的硬度明显高于岫玉，使得翡翠的抛光亮度要高于岫玉。翡翠的密度也明显大于岫玉，拿在手中的感觉明显不同。岫玉常见明显的丝絮状物和像白色云朵似的花斑，翡翠的棉绺轮廓也明显呈柱形或交织状，与岫玉截然不同。

软玉和岫玉在外观上很相似，除了它们在硬度和密度上的差别外，最大的差别就是内含物，岫玉常见明显的丝絮状物和像白色云朵似的花斑，这在软玉中是没有的。

玉髓的硬度明显高于岫玉，用小刀在不明显处一试便可区分。另外，玉髓中见不到岫玉中那种丝絮状物和像白色云朵似的花斑，这也是一个重要的鉴别标志。

玻璃是均质体，岫玉是非均质体，用正交偏光观察，玻璃始终黑暗无变化，岫玉始终明亮无变化。另外，玻璃的颜色呆板而且太均匀，常见气泡。岫玉颜色柔和且不够均匀，常见丝絮状物和像白色云朵似的花斑。

图3S-21-03 岫玉挂坠

三 蛇纹石玉（岫玉）的主要品种

我国岫玉分布比较普遍，不同产地的蛇纹石玉有不同的名称。岫玉的命名原则是在“岫玉”二字前面加上地名构成全名：祁连岫玉产于甘肃祁连山，又称酒泉玉，墨绿色、黑色条带状，半透明至微透明，市场上的“夜光杯”就是由酒泉岫玉制作的；昆仑岫玉产于新疆昆仑山和阿尔金山，与和田白玉、青白玉伴生产出，玉质较好，但透明度稍差；都兰岫玉产于青海省都兰县，是一种具有竹叶状花纹的蛇纹石玉，又称竹叶状玉；台湾岫玉产于台湾花莲，草绿、暗绿色，常有一些黑色斑点和条纹，半透明，目前台商正在炒作的台湾七彩玉就是用大车床把花莲岫玉车成各种形状的石胎，然后在石胎外面刷抹釉子再烧制而成，并非纯天然产品，也可以称这种产品为一种石胎瓷器；南方岫玉产于广东信宜，又称信宜玉，表面有深浅不一的绿色花纹，大多呈黄绿色、绿色，玉石表面有蜡状光泽；还有云南产的云南岫玉、四川产的会理岫玉、山东产的蓬莱岫玉、北京十三陵产的北京岫玉（又称京黄玉）；辽宁岫岩产的我们暂且称为岫岩蛇纹石玉，这是中国最好的蛇纹石质玉，色泽鲜艳，质地细腻。国外品种有朝鲜玉（又称高丽玉），属优质蛇纹石质玉；新西兰的鲍文玉、美国产的威廉玉、墨西哥的雷科石等。

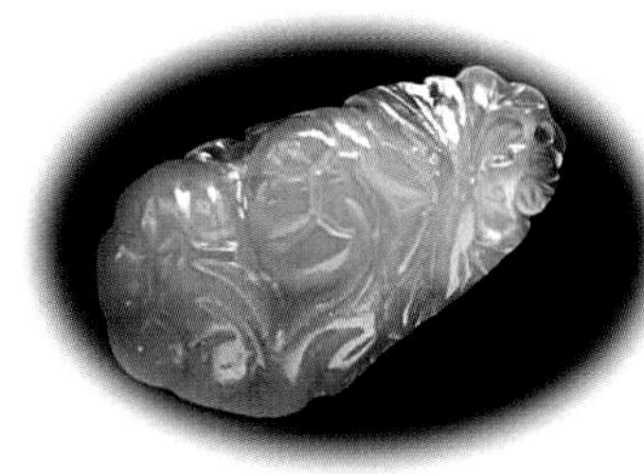

图3S-21-04 岫玉小雕件

四 蛇纹石玉的评价

岫玉的评价主要考虑颜色、结构细腻程度、透明度、裂绺和絮状物的多少、雕工以及块度大小等因素。

碧绿、绿色、深绿色、黄绿色为上等色，带有灰色调则价值降低，颜色分布越均匀越好，质地越细腻越油润越好，透明度越高越好，内含絮状物和裂绺越少越好，雕工当然是越精良越好，块度越大越贵。

对于原料的质量评价，目前矿山有一个大致的标准：

特级：碧绿色，质地细腻，无绺无絮无杂质，无裂，透明度好，块度大于50公斤；

一级

绿色、深绿色，质地细腻，无绺无絮无杂质，无裂，透明度好，块度大于10公斤；

二级

不分色泽，少绺少絮少杂质，少裂纹，透明度中等，块度大于5公斤；

三级

不分色泽，有绺有絮有杂质，有裂纹，透明差，块度小于5公斤。

图3S-21-05 岫玉雕件

图3S-21-06 岫玉雕件

第二十二节　独山玉

PPART 22　DUSHAN JADE

独山玉是中国古代四大名玉之一，因产于河南省南阳市的独山而得名。也称“南阳玉”，也可简称为“独玉”，目前还是我国独有的玉种。

图3S-22-01 独山玉摆件

一　独山玉的基本性质

独山玉是一种黝帘石化斜长石岩，斜长石的化学表达式为$CaAl_2Si_2O_8$，黝帘石的化学表达式为$Ca_2Al_3(SiO_4)_3(OH)$，化学组成变化较大。主要矿物成分为：斜长石（20-90%），黝帘石（5-70%），含少量透辉石、角闪石、铬云母、黑云母、绿帘石、阳起石等。各种矿物呈他形一半自形晶紧密镶嵌，呈细粒状结构。独山玉颜色极为丰富，主要颜色有：白、绿、蓝绿、紫、黄、褐、黑等，肉红色一棕色调是独山玉的特色色调，每个饰品或每块原料上经常是多种颜色共存，单一色调很少见。玻璃光泽，半透明—不透明。硬度6-7，密度2.9g/cm^3。

独山玉的主要品种有：白独玉，绿独玉、绿白独玉、紫独玉、黄独玉、芙蓉红独玉、墨独玉及杂色独玉等。

图3S-22-02 独山玉挂坠

二　独山玉与相似玉石的鉴别

外观与独山玉相似的玉种主要有：翡翠、软玉、石英质玉、岫玉。

优质独山玉细腻圆润，绿色者鲜艳迷人，酷似翡翠，所以有人称独山玉为“南阳翡翠”。独山玉与翡翠主要依据结构和颜色组合来区分：翡翠是交织结构，独山玉是粒状结构；翡翠有翠性，独山玉无翠性，虽然有时在饰品表面也可见到一些小反光面，但这种闪光面是像白砂糖粒似的闪光面，和翡翠翠性

图3S-22-03 独山玉小雕件

图3S-22-04 独山玉挂坠

图3S-22-05 独山玉挂坠

表现出的柱状、纤维状闪光面明显不同；独山玉的颜色极为多样，无论饰品或原料经常是多种颜色同时出现，常见肉红色—棕色色调。独山玉的翠绿色是由铬云母所致，用滤色镜观察为红色，而翡翠在滤色镜下不变色。

软玉和独山玉主要依据光泽、结构、颜色组合来鉴别：软玉多为油质光泽，细腻油润。独山玉为玻璃光泽；软玉是毛毡状结构，独山玉是细粒结构；软玉颜色比较单一，也比较均匀，独山玉颜色杂乱。

石英岩和独山玉都是粒状结构，但石英岩的颗粒感要比独山玉明显。另外，石英岩的密度明显低于独山玉。在独山玉饰品的表面可以看到少量斜长石和黝帘石的解理闪光面，石英岩没有这种闪光面；独山玉多种颜色的组合出现也是石英岩所没有的。

岫玉和独山玉的鉴别主要依据硬度、颜色、光泽和内含物。岫玉是腊状光泽——玻璃光泽，独山玉是比较强的玻璃光泽；岫玉硬度明显低于独山玉，小刀一试即可分辨；岫玉颜色比较简单，独山玉颜色组合丰富；岫玉经常可见絮状、云朵状内含物。

三 独山玉的评价

独山玉的评价主要考虑颜色、质地、透明度、裂绺、杂质及块度等因素。

高品质独山玉必须是质地细腻，无裂纹，无白筋及杂质，颜色单一、均匀，以类似翡翠的翠绿为最佳。透明度以半透明为上品，块度越大越好。在商业上将原料分为四个级别：特级、一级、二级和三级。

特级

颜色为纯绿、翠绿、蓝绿、蓝中透白、绿白；质地细腻，无白筋、无裂纹、无杂质、无棉绺；块度在20公斤以上。

一级

颜色为白、乳白、绿色，颜色均匀；质地细腻，无裂纹、无杂质，块度为20公斤以上。

二级

颜色为白、绿、带杂色；质地细腻，无裂纹、无杂质，块度为3公斤以上。

三级

色泽较鲜明，质地致密细腻，稍有杂质和裂纹，块度为1公斤以上。

第二十三节　绿松石

PART23　　TURQUOISE

绿松石又称松石，因其形似松球且色近松绿而得名。又因其通过土耳其输入欧洲各国，故有“土耳其玉”之称，亦称“突厥玉”，是古今中外人士喜爱的传统玉料。绿松石象征着进取、成功和美好，被喻为“成功之石”，和青金石、锆石并列作为12月的生辰石。

绿松石的主要产地是：伊朗、智利、美国、中国、澳大利亚和俄罗斯等。

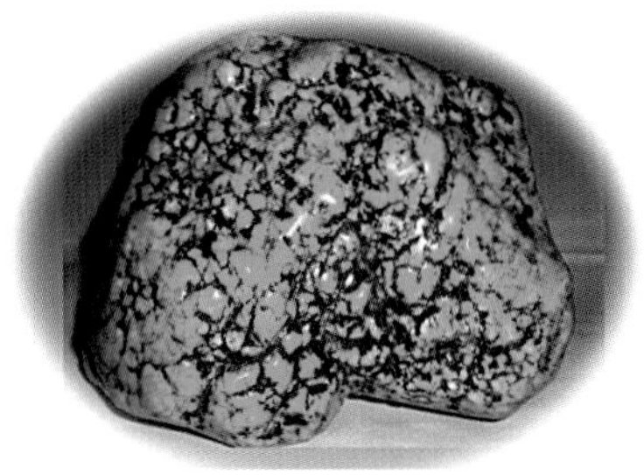

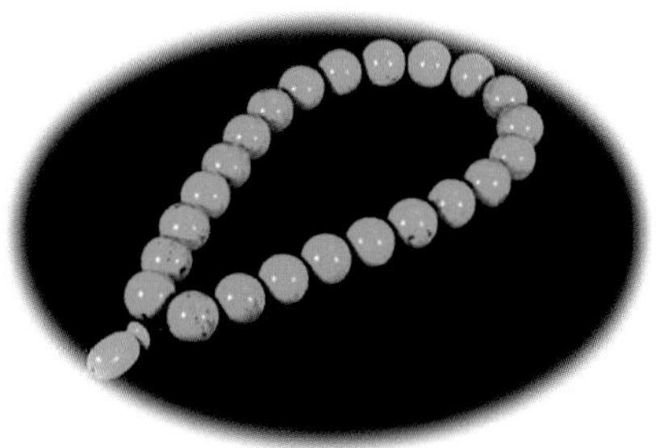

图3S-23-01 绿松石原石

图3S-23-02 绿松石项链

一　绿松石的基本性质

绿松石是一种含水铜铝磷酸盐矿物的集合体，化学表达式为 $CuAl_6(PO_4)_4(OH)_8\cdot5H_2O$。常见颜色有：天蓝色、淡蓝色、绿蓝色、绿色，含铁时呈黄绿色、带蓝的苍白色。常见不规则的白色细脉纹、斑块和褐黑色脉纹，这些褐黑色脉纹俗称“铁线”，由褐铁矿和炭质组成。白色细脉纹、斑块由高岭石、石英等白色矿物组成。质量上乘者质地细腻，原料呈腊状光泽，抛光面像上了釉的瓷器，呈玻璃光泽。硬度5-6，随风化程度加重而硬度降低，风化严重的“面松”硬度<4。密度2.76 g/cm³。查尔斯滤色镜下为淡绿色。绿松石不耐热，高温会使绿松石脱水甚至爆裂。强太阳光也会使绿松石干裂和退色。

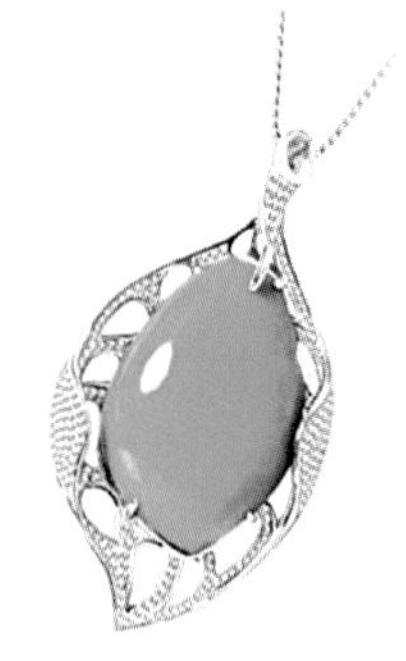

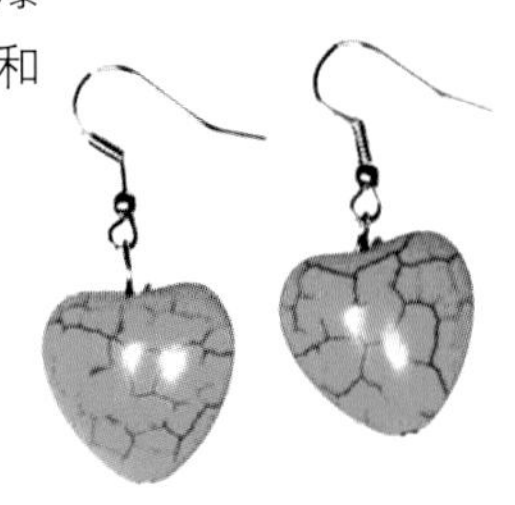

图3S-23-03 绿松石耳坠和吊坠

二

绿松石的鉴定特征及与相似玉石的区分

绿松石的主要鉴定特征是：不透明，天蓝色、淡蓝色、绿蓝色、绿色、带苍白的蓝色等特殊的颜色，抛光面呈玻璃光泽，像上了釉的瓷器。底色上有不规则白色脉纹或斑点，常见黑色“铁线”。原料多呈皮壳状、瘤状、肾状和脉状。

相似玉石及仿冒品主要有：三水铝石、硅孔雀石、加斯佩石、粘结绿松石、合成绿松石、染色玉髓、压制碳酸盐、染色菱镁矿、玻璃仿制品。

三水铝石是一种与绿松石共生的矿物，与绿松石的主要区别为：它的颜色比较浅，很难达到天蓝色，玻璃光泽，性脆，极易崩落，而绿松石则韧性较大。三水铝石具泥土臭味，密度低于绿松石。

硅孔雀石与绿松石外观很相似，呈天蓝色，质地细腻，瓷状光泽。区别二者的主要依据是硬度，因为质地细腻似瓷器的绿松石硬度一般大于5，而硅孔雀石只有2-4，用小刀很易划动。另外硅孔雀石颜色鲜艳，透明度较高。

加斯佩石的矿物组成为富镁的菱镍矿，是一种罕见的镍碳酸盐，与菱镁矿和菱铁矿形成类质同象系列，其化学表达式为（Ni, Mg, Fe）CO_3。常见浅绿色、草绿色、苹果绿色。棕色矿物杂质呈网脉状分布。微透明—不透明，玻璃光泽。硬度为4.5-5。是近年来国际珠宝市场上出现的新型玉石。主要产地为澳大利亚西部的卡尔古利。加斯佩石与绿松石的鉴别主要依据解理闪光面，加斯佩石解理发育，放大镜观察可见碳酸盐岩的解理闪光面，而绿松石则没有。

玻璃仿制品的最大特征是内有气泡和旋涡纹，用放大镜即可区分。

粘结绿松石，又称再造绿松石，是用塑料或树脂将绿松石碎粒在一定温度和压力下压结而成。主要特征是：外表像瓷器，有明显的粒状结构，用放大镜观察可以发现粘结绿松石的角砾状构造和斑状构造，即在浅蓝色基质中有蓝色角砾状斑块。

合成绿松石呈天蓝色，颜色均一，质地细腻，有的还有黑色铁线。当天然绿松石中含有白色不规则脉纹时，二者易于区别。当天然绿松石非常纯净时，二者不易区分，需借助于放大镜，用30-60倍放大镜观察合成者有球粒结构，就是这些蓝色的小球粒构成了整体的蓝色，天然品没有这种结构。另外，合成绿松石的铁线粗细均匀，分布呆板，在部分交叉处不但没有膨大，反而更为细小，且仅仅浮于表面，而天然绿松石的铁线粗细不等，分布不均，而且内凹，铁线还

图3S-23-04 绿松石塔链

有一定的延伸深度。

图3S-23-05 绿松石手串

染色石英岩用放大镜透光观察可以看到，绿色分布在石英颗粒之间呈网状，石英本身无色。

仿松石的压制碳酸盐的主要特征为：颜色艳丽，分布均匀，给人感觉不自然，较弱的蜡状光泽，长波紫外光下有弱到中等的蓝白色荧光。摩氏硬度为3，低于具相同颜色的天然绿松石。滴一滴盐酸后会剧烈起泡。

染色菱镁矿用查尔斯滤色镜观察为浅褐色，解理明显，颜色多集中在裂隙处。

图3S-23-06 绿松石戒指和吊坠

三 优化处理绿松石的鉴别

绿松石的优化处理主要包括染色、注油、浸蜡。

染色绿松石颜色过于均匀、鲜艳、不自然，用放大镜观察可发现裂纹中颜色明显深于两侧，颜色深度很浅，表皮剥落及凹坑处可见浅色的核。如有条件，可到实验室在绿松石不显眼处滴一滴氨水，染色者即退色。

注塑、注蜡、注油绿松石肉眼难以区分，当绿松石颜色既鲜艳又均匀时，必须警惕是否经过注油、注蜡或注塑处理的。最有效的方法是用“热针”检验，注油、注蜡者，当热针靠近时即有油珠或蜡渗出，注塑者当热针触及2-3秒就会产生异味。这种“热针”检测一般在实验室进行，实用鉴定中难以使用。因此，未经过实验室放大和热针检测的绿松石，购买时一定要慎之又慎。

图3S-23-07 绿松石戒指

四 绿松石的评价

绿松石的评价主要考虑颜色的种类及均一程度、光泽、透明度及铁线的有无等因素。通常分为四个品种，即瓷松、绿松、泡（面）松及铁线松等。

图3S-23-08 绿松石摆件

瓷松

纯正的天蓝色，是质地最硬的绿松石，硬度为5.5-6。因光泽、质地感均很像瓷器，故称为瓷松，是上品。

绿松

颜色从蓝绿到豆绿色，硬度4.5-5.5，质量中等。

泡松

又称面松，呈淡蓝色到月白色，硬度在4.5以下，用小刀能轻易刻划，软而疏松，只有较大块才有使用价值。

图3S-23-09 绿松石挂坠

铁线松

铁线呈网状，好似龟背纹分布在蓝色或绿色背景之上。铁线纤细，粘结牢固，质坚硬，和松石形成一体，有如墨线勾画的自然图案，美观而独具一格。具美丽蜘蛛网纹的绿松石也可成为佳品。

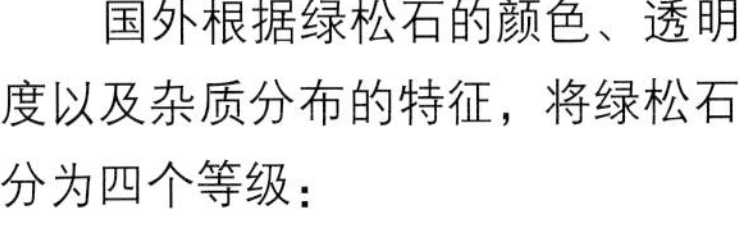

国外根据绿松石的颜色、透明度以及杂质分布的特征，将绿松石分为四个等级：

1. 一级品（波斯级），最上等的绿松石，呈强—中等的蓝色，颜色柔和而均匀，没有暗色或浅蓝色斑点，没有铁线，强光泽和半透明使绿松石表面有玻璃感，孔隙度小，相对密度较大。这个等级很少见，常见于波斯出产的松石，故商业上称为波斯级；
2. 二级品（美洲级），浅蓝色，不如波斯级颜色鲜艳，透明度也比波斯级差，不透明或微透明，光泽不够强，没有铁线或有细的蜘蛛网状铁线。
3. 三级品（埃及级），也称之为波斯铁线绿松石，特征是呈现蓝色或蓝绿色，通常是从一、二级品中挑选下来的。
4. 四级品（阿富汗级），呈浅色或深色的黄绿色，铁线更多，是劣等品，价值极小。

第二十四节　青金石

PART24　　LAPIS LAZULI

青金石属于佛教七宝之一。古人如此赞美青金石："青金石色相如天，或复金屑散乱，光辉灿烂，若众星丽于天也。"在古代，青金石象征着上天的威严；如今，青金石象征着进取、成功、胜利和荣耀，和锆石、绿松石并列作为12月的生辰石。

青金石的主要产地是：阿富汗、俄罗斯、智利、美国、加拿大、巴西、意大利、蒙古、巴基斯坦、澳大利亚等。

一　青金石的基本性质

在地质、矿物学领域中，青金石是一种矿物。在宝石界，青金石就不是单指一种矿物，而是一种以青金石矿物为主、含少量方解石、透辉石、方钠石和黄铁矿的致密块状矿物集合体，是一种达到玉石级的青金石岩。也就是说，在珠宝界省略了"青金石岩"中的"岩"字，把矿物名称"青金石"直接作为玉石名称来使用。青金石的化学表达式为：$(Na, Ca)_8(AlSiO_4)_6(SO_4, Cl, S)_2$。主要矿物成分是青金石、方钠石，次要矿物有：方解石、黄铁矿、透辉石。颜色有深蓝、浅蓝、天蓝、绿蓝、紫蓝色。玻璃光泽－蜡状光泽，总体不透明，边部微透明。由于青金石矿物是等轴晶系，属均质体，所以青金石为主的矿物集合体也为均质体，用正交偏光检测其边部微透明处，为全消光。硬度5－5.5，密度2.38－2.45g/cm^3。含方解石（或白云石）较多时呈白色条纹状，含黄铁矿时，在蓝色底子上有黄色斑点，光照时闪闪发亮。长波紫外灯下，共生的方解石有粉红色荧光，查尔斯滤色镜下为赭红色。

图3S-24-01 青金石项链和手串

二　青金石的鉴定特征及与相似玉石的区分

青金石以深蓝色、紫蓝色，以及其中分布有白色方解石条纹（或条带），边部微透明，均质体和棱角圆钝的黄铁矿星点，查尔斯滤色镜下显赭红色为主要鉴定特征。

与青金石相似的玉石主要有：方钠石、蓝色东陵玉、合成青金

图3S-24-02 青金石耳钉耳坠

图3S-24-03 青金石戒指

图3S-24-04 青金石手镯

图3S-24-05 青金石挂坠

石、染色玉髓、染色大理石、染色青金石。

方钠石与青金石属于同族矿物，物理性质相近，主要区别有三点：

1. 结构，方钠石结晶完好，呈粗粒结构，并可见解理面。青金石结构细腻。
2. 颜色，方钠石颜色不太均一，在蓝色基底上常见深蓝色或白色斑痕以及粉红色细脉，没有黄铁矿。青金石常见白色方解石条纹和黄色闪光的黄铁矿斑点。
3. 方钠石在查尔斯滤色镜下为红褐色，青金石为赭红色。

蓝色东陵玉是一种含蓝线石的石英岩，半透明，玻璃光泽，纤维状蓝线石分布在石英颗粒之间，与青金石的黄铁矿明显不同。

人工合成青金石与天然青金石外观很相似，主要区别有四点：

1. 透明度，天然青金石边部微透明，合成品不透明。
2. 黄铁矿包体的形态，天然品中的黄铁矿呈斑点状，棱角圆滑。合成品的黄铁矿棱角分明，边缘平直。
3. 颜色，天然品中常见白色方解石条纹，合成品颜色均一。
4. 吸水性，合成品放入水中十五分钟后重量明显增加，天然品变化不大。

染色玉髓、染色大理石与青金石的区别有两点：

1. 颜色分布特征，染色仿冒品颜色均一，用放大镜观察可以看到蓝色分布在方解石和石英颗粒周围，矿物颗粒本身无色。另外，没有白色方解石脉和黄色闪光黄铁矿斑点。
2. 光性，玉髓和方解石都是非均质体，用正交偏光观察玉髓和大理岩不消光。青金石为均质体，表现为全消光。

染色青金石与天然青金石的区别主要是颜色分布特征，染色者无白色方解石条纹和条带。

在蓝色玻璃中加入铜片可制成青金石的仿冒品，区别的主要标志是透明度、结构和颜色。

1. 透明度，天然青金石透明度差，只有在边部较薄处表现为微透明；玻璃透明度高。
2. 结构，玻璃中常见圆形气泡和旋涡纹；青金石为粒状结构。
3. 颜色，玻璃仿冒品没有白色方解石条纹或条带。

三 青金石的评价

评价青金石的主要依据是颜色、杂质、裂纹、质地等。

深蓝色、无裂纹、质地细腻、含杂质极少者为上品；颜色杂而不均，有裂纹、杂质多为下等品。几乎不含方解石，但有星点状黄铁矿的青金石价也较高。

根据矿物成分、色泽、质地等因素，将青金石分为如下四级：

青金石级

即“普通青金石”，其中青金石矿物含量大于99%。无黄铁矿，无方解石，质地纯净，呈浓艳、均匀的深蓝色，属于上品。

青金级

青金石矿物含量为90%–95%，含稀疏星点状的黄铁矿和少量的其他杂质，但无白斑。其中质地较纯，颜色均匀的深蓝、天蓝、藏蓝色者，也是青金石中的上品。

金格浪级

为含大量黄铁矿的青金石致密块体。由于大量黄铁矿的存在，抛光后外壳金光闪闪，相对密度较大。

催生石级

指不含黄铁矿而混杂较多方解石的青金石品种。其中以方解石为主的称“雪花催生石”，颜色呈淡蓝色的称“智利催生石”。据说，这类青金石因能帮助妇女催生孩子而得名。

图3S-24-06 青金石手牌

图3S-24-07 青金石吊坠

第二十五节　水沫玉

PART25　Albite jade

近年来，在珠宝市场上，出现了一种透明—半透明的“冰种”玉石，其外观很像水头好的冰种翡翠，特别是飘蓝花的品种，酷似飘蓝花的冰种、玻璃种翡翠，很受人们喜爱，这就是水沫玉。但因一些不法商人利用其酷似翡翠的外观来冒充优质翡翠高价出售，使不少人上当受骗，人们不免对水沫玉留下了一些阴影。但我要强调的是：水沫玉就是水沫玉。不必冒充任何玉种，水沫玉有其自身独特的优势和美丽，在玉石这个大家庭中应有一席之地。

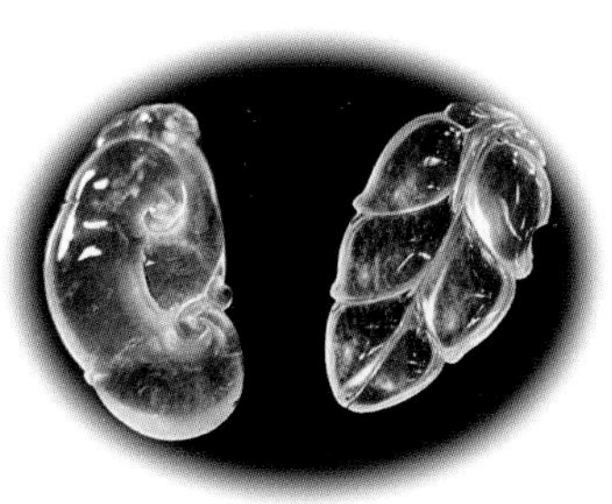

图3S-25-01 水沫玉挂坠

一　水沫玉的基本性质

水沫玉俗称“水沫子”，透明度高，其中常见细小的白色絮状石花，就像山间流水飞落直下翻起的水花表面的泡沫，故得名“水沫子”。在学术界，水沫玉指的就是钠长石玉，但在市场上却有两种外观极为相似但成分截然不同的水沫玉：钠长石质水沫玉和硅质水沫玉，前者是一种以钠长石为主要矿物成分的玉石，后者是一种微晶石英岩玉。关于石英岩的基本性质已在《第二十节 石英质玉石》中作过介绍，这里着重介绍钠长石质水沫玉。

图3S-25-02 水沫玉手镯

钠长石质水沫玉的化学表达式为：$NaAlSi_3O_8$，主要矿物成分是钠长石，含量可达85-95%，其次含有：硬玉、绿辉石、阳起石、绿帘石、绿泥石等。常见颜色为灰白、白、灰绿和无色。玻璃光泽-油脂光泽。在半透明-透明的底子上常见白色、灰蓝色、蓝绿色斑点或斑块。微细粒结构，矿物粒度一般＜0.1mm。硬度6，密度2.60-2.63g/cm^3。

二　水沫玉与相似玉石的鉴别

1. 水沫玉与翡翠的鉴别

水沫玉酷似同种颜色、透明度的翡翠，主要依据结构、包体、密度来鉴别：翡翠是交织结构，反光照射时有翠性。水沫玉是粒状结构，无翠性。当结构不是特别细腻时，根据结构就可将二者区分。但当矿物颗粒特别细小，放大镜难以分辨时，靠结构就难以区分了。此时就要依据内含物、密度等特征综合判断：翡翠和水沫玉二者内部都有白棉，但特征不一样，翡翠的白棉显示出交织结构的特征，棉的形态与硬玉的柱状相似，总体像几个柱交织在一起的外形。而水沫玉的内含物为点状、絮状，而且是絮与絮之间透明度非常好，这是区分冰种无色翡翠和水沫玉的重要标志。另外，水沫玉密度明显低于翡翠，托在手心里掂量没有打手的感觉。

2. 钠长石质水沫玉和硅质水沫玉的鉴别

这两种水沫玉同时和翡翠密切伴生，在光泽、颜色、密度、内含物特征等方面极为相似，在外观上几乎完全一样，但它们确确实实是物质成分完全不同的两种玉石，前者是以钠长石为主要矿物成分的玉石，后者是微晶石英质玉。二者的微细差别主要表现在以下几方面：

图3S-25-04 18K玫瑰金水沫玉戒指

直观特征不同，硅质水沫玉颜色发白，光泽更明亮，透明度更高，细腻处甚至起莹。钠长石质水沫玉颜色偏灰，光泽略弱，透明度稍差。放大镜下观察，在钠长石水沫玉表面可见很细小的砂眼。

颜色均匀程度不同，硅质水沫玉颜色比较均匀。钠长石质水沫玉很难见到颜色均匀者。

内含物特征不同，硅质水沫玉的暗色内含物周围总是有白色的次生石英晶体的裙边。这是钠长石质水沫玉没有的，用这一特征区分二者很可靠。

网络上及很多文献中都把水沫玉定义为钠长石玉，可在市场上出现的水沫玉绝大部分却是石英岩玉，少部分才是钠长石玉。这种概念名称和市场商业名称的不统一很容易给消费者带来一些负面影响。

三 水沫玉的评价

目前国内尚未出台有关水沫玉的评价标准，民间多参照翡翠的种、水、色的评价标准来评价水沫玉。张代明，袁陈斌在《玉海冰花：水沫玉鉴赏选购保养收藏》一书中对水沫玉（包括钠长石质水沫玉和硅质水沫玉）分出了玻璃种、糯冰种、飘花种、水沫种、墨水种、黄水沫等六个类型：

图3S-25-03 水沫玉吊坠

图3S-25-05 水沫玉挂坠

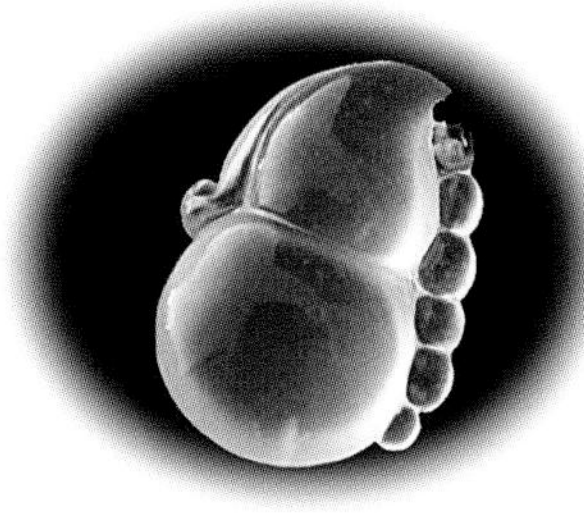
图3S-25-06 水沫玉挂坠

玻璃种

矿物结晶颗粒呈显微细粒状，玉料纯净，结构细腻，无裂绺、无棉无纹，透明度高。极品玻璃种水沫玉会“起莹”，即玻璃种水沫玉（特别是手镯和戒面）表面上有一种若隐若现的银灰色调的游动光。能“起莹”的玻璃种水沫玉都是极品中的极品。

糯冰种

透明度低于玻璃种，内含物分布一般不均匀，呈丝带状分布的较为珍贵。如果内含物的颜色为绿、黄或蓝绿色且呈丝带状分布，就是水沫玉的上品。糯冰种水沫玉做成手镯后，最能体现其特有的晶莹剔透感。

图3S-25-07 18K玫瑰金水沫玉手链

飘花种

主要特征是内含的飘花层次分明，立体感强，特别是有丝带状飘花的玻璃种手镯，其价值不亚于同级别的翡翠。飘花种水沫玉一般多用于制作手镯，也可以利用花纹的独特雕成具有特别韵味的挂件或把玩件。

水沫种

这是最具水沫玉特征的品种，其特征是：在冰种的质地上充满了许多形态不规则、分布不均匀的白色或蓝绿色细小泡沫。

墨水沫

是一种很特殊的水沫玉，特征是在玻璃种和糯冰种的背景上，出现或浓或淡的墨迹，就像一幅别致的水墨画。

黄水沫

块体较大的黄翡极少见到，所以就显得非常珍贵。但黄水沫不像黄翡那样稀少，市场上块度较大且通体透黄的水沫玉不难见到，如果黄中透红就是极品，价值不低于黄翡。

纵观珠宝市场，现今翡翠价格不断上涨，特别是在冰种、玻璃种翡翠剧烈升温的时期，水沫玉以其外在的晶莹剔透以及肉质的细腻，越来越受到消费者的认同和喜爱。

图3S-25-08 18K玫瑰金水沫玉项链

第二十六节　碳酸盐质玉（阿玉、红纹石）

PART26　CARBONATE JADE（AFGHANISTAN WHITE JADE、RHODOCHROSITE）

碳酸盐是个大家族，在地球上分布广泛。常见矿物有：方解石、白云石、菱锌矿、菱锰矿、菱镁矿等。这些矿物在自然界既有单晶，也有集合体，单晶可作矿物标本观赏，集合体可作建筑材料或玉雕材料。市场上出现的碳酸盐质玉石有阿富汗白玉、汉白玉、红纹石、“蜜蜡黄玉”、“金田黄”等。其中阿富汗白玉（简称“阿玉”）、汉白玉都是显晶质方解石的集合体，也就是一种大理岩。红纹石是菱锰矿。产自新疆哈蜜的“蜜蜡黄玉”是白云石的集合体，也就是一种白云岩。“金田黄”是产自印度尼西亚的一种镁锰方解石（也有人称为镁菱锰矿）的集合体。在珠宝市场上出现最多的碳酸盐质玉是阿富汗白玉和红纹石。

一　阿富汗白玉

阿富汗白玉主要由方解石组成。方解石在地球上分布极为广泛。化学表达式为$CaCO_3$，常含Mg、Fe、Mn等杂质元素，使方解石呈现不同的颜色，常见白色、浅黄色、灰色，也可见浅红色，含Cu时可见绿色或蓝色。无色透明的方解石晶体称为“冰洲石”，是一种光学材料。方解石的隐晶质集合体称为“石灰岩”，显晶质集合体称为“大理岩”，白色大理岩称为“汉白玉”，产自阿富汗的白色大理岩称为“阿富汗白玉”，简称“阿玉”。玻璃光泽，透明—不透明。硬度3，密度2.7g/cm^3，解理发育，性脆，光照时表面有大量解理闪光面。阿富汗白玉质地细腻、温润，外观很像和田白玉，二者主要依据光泽、结构、构造来区分：和田白玉多为油质光泽，典型的毛毡结构。阿玉多为玻璃光泽，细粒状结构，肉眼或放大镜可见方解石的解理闪光面。阿玉常有不太平直的层纹构造，这在和田白玉是没有的。

图3S-26-01 红纹石和紫色萤石矿物晶体

图3S-26-02 阿富汗白玉手镯

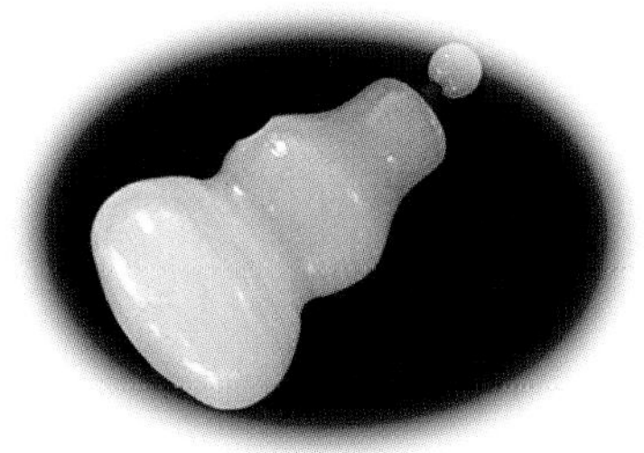

图3S-26-03 阿富汗白玉挂件

图3S-26-04 阿富汗白玉雕件

图3S-26-05 18K黄金红纹石戒指和吊坠

由于大理岩的孔隙较大，经常被染成其他颜色以仿冒同种颜色的其他玉种。鉴别特征有二：一是看方解石的解理闪光面。二是透光观察颜色分布特点，染色者颜色呆滞，过于均匀，而且呈丝网状。

方解石的颜色越单一越纯净越好，透明度越高越好，杂质和裂越少越好。玉石级大理岩颜色越鲜艳越好，质地越细腻越好，杂质越少越好，块度越大越好。

二　菱锰矿（红纹石）　2

红纹石的学名叫菱锰矿，化学表达式为$MnCO_3$。红纹石的产量不大，最早产于阿根廷，因而有“阿根廷石”，“印加玫瑰”的别名。大颗粒、透明、颜色鲜艳的菱锰矿可作宝石。颗粒细小、半透明的集合体通常作为玉雕原料。多呈粉红色，在粉红底色上常有白色、灰色、褐色或黄色条纹。也有通体粉红，基本上看不到乳白色条纹的，称为冰种红纹石。透明晶体可呈深红色，玻璃光泽，透明—半透明。放大镜观察可见条带状—条纹状构造，有时可见网状构造。硬度3－5，密度3.6g/cm^3。

蔷薇辉石的颜色与红纹石极为相似，二者都是Mn致色，但前者是硅酸盐矿物，后者是碳酸盐，二者的鉴别主要依据颜色分布特点和硬度。红纹石的颜色多呈条带或条纹状分布，蔷薇辉石没有条纹，颜色均匀，表面常见黑色斑点。红纹石硬度只有3-5，蔷薇辉石为5.5-6，二者差别较大。

红纹石的颜色越鲜艳越好，透明度越高越好，集合体的块度越大越好。

图3S-26-06 红纹石吊坠

图3S-26-07 红纹石和水晶矿物晶体

图3S-26-08 钴方解石矿物晶体

第二十七节　梅花玉

PART27　　PLUM BLOSSOM JADE

梅花玉是我国独有的玉种，据记载，我国河南汝阳有三宝:汝瓷、汝贴、汝玉。汝玉因通体遍布天然的花纹，酷似梅花，1985年正式命名为“梅花玉”。在两千多年前的东汉时期，梅花玉的开采利用极盛，汉武帝刘秀称梅花玉:“此玉天下奇有，真乃国宝也。”东汉末年战乱频发，矿区被掩埋，从此梅花玉鲜为人知，直至改革开放才重见天日。

图3S-27-01 梅花玉手镯

一 梅花玉的基本性质

梅花玉是一种具有杏仁构造的中性火山喷出岩。其颜色由两部分构成，一是体色，即“杏仁”以外的颜色；二是“杏仁”的颜色，它们共同构成梅花玉的色彩和图案。梅花玉的体色有三种：墨黑、褐红、浅绿。梅花的颜色比较丰富，有：白、红、黄、绿、青等，主要取决于充填“杏仁”的矿物种类：红玛瑙充填时为红色；绿帘石和绿泥石充填时为绿色；方解石或石英充填时，则为白色或无色透明。当玉料被抛光后，这些“杏仁”便形成了颇似梅花的“花朵”，当气孔间的细裂隙被矿物充填后，便形成了“梅花”的枝干，在安山岩暗色的背景下，更显出枝繁花茂的奇妙图画。梅花玉因此而得名。硬度6.5，密度2.7g/cm^3。结构细腻韧性好。

图3S-27-02 梅花玉手镯

二 梅花玉的特殊性质

经现代科学研究证明，梅花玉不仅有美丽的图案，而且含有多种人体必需的有益元素，和众所周知的药石“麦饭石”有相似之处，更重要、更可贵的是梅花玉通体具有均匀的弱磁性。正是这些凝聚了日月天地之精华的优秀品质，使得梅花玉有着其他玉种所不及的神奇功

图3S-27-03 梅花玉茶壶

图3S-27-04 梅花玉盖碗

图3S-27-05 梅花玉平安扣

能。实验证明,用梅花玉制作的食具盛装肉食，盛夏三伏天居然能三日不腐，故有“天然冰箱”之称。使用梅花玉制作的茶具泡茶，茶香浓郁，口感柔和，棉香，盛夏三伏天居然能五日不馊！有人作过这样的试验：用紫沙壶和梅花玉壶分别泡同量、同种茶叶，然后分别倒入同样的茶杯，让一个之前喝过梅花玉茶水但没有看到泡茶过程的人（此人有一定的茶道修养！）来品尝，结果是：此人居然能准确说出哪杯茶出自梅花玉壶，由此可见梅花玉茶壶泡茶的独特品位，也足以证明梅花玉的神奇！

三 梅花玉的形成 3

梅花玉的主体形成于距今17亿年的元古代，属于火成岩,岩石名称为安山岩，是一种中性火山喷出岩。由于火山喷发时含有大量挥发性气体，在岩浆急剧冷却时来不及逸出，就在岩石中形成大量的气孔，在岩石学中称为气孔构造。这些气孔在漫长的地质演化过程中又被后来的多种矿物所充填，这些矿物主要有石英、方解石、云母、长石、绿帘石、绿泥石、黄铁矿等等，有时这些矿物会沿微裂隙充填将不同的气孔贯通连接，好似长满花蕾的树枝。也就是说，梅花玉的形成经历了漫长的地质演化过程，玉的主体形成于距今17亿年的元古代，而花朵、花蕾的形成可能延续到中生代。

四 梅花玉的评价 4

梅花玉的评价主要考虑花色、图案和质地。所谓花色首先是看体色，墨黑、褐红、浅绿三种体色以墨黑为佳，而且越黑越明亮越好，梅花的颜色越艳越好，花色种类越多越好，有枝干将花朵勾连的比没有枝干的好，质地越细腻越好。

值得特别强调的是梅花玉的加工，由于气孔中充填的矿物的硬度各有不同，这些杏仁中的矿物的硬度与杏仁周围基底火山岩的硬度也不同，加之每朵梅花的边缘与火山岩的接触部位本来就是比较脆弱的部位，加工过程中容易崩瓷掉渣的部位就是这个接触界线两侧。想选择一件完全没有崩落坑点的饰品几乎是不可能的，所以，在评价梅花玉制品的加工质量时，主要看形状是否周正，造型是否逼真，刀工是否精细，整体抛光是否光亮，没有必要过于挑剔细小坑点的存在。

第二十八节　孔雀石

PPART28　　Malachite

孔雀石由于颜色酷似孔雀羽毛上斑点的绿色而得名。孔雀石是一种古老的玉料，中国古代称孔雀石为“绿青”、“石绿”。孔雀石是5月5日的生日石。

孔雀石的世界著名产地有赞比亚、澳大利亚、纳米比亚、俄罗斯、扎伊尔、美国等。中国主要产于湖北和赣西北。

图3S-28-01 孔雀石观赏石

一

孔雀石的主要特征

孔雀石是含铜的碳酸盐矿物，化学表达式为$Cu_2CO_3(OH)_2$。主要颜色有艳绿、墨绿、孔雀绿、暗绿色等，通常呈钟乳状、块状、皮壳状、结核状和纤维状集合体。同心层状、纤维放射状结构。丝绢光泽或玻璃光泽，不透明。硬度3.5－4，密度3.95g/cm3。性脆。

二

孔雀石与相似玉石的区别

孔雀石以特殊的绿色、典型的放射状结构和条带状构造为鉴定特征，不易与其他宝石相混淆。与孔雀石最为相似的是硅孔雀石和绿松石。绿松石硬度为5-6，明显大于孔雀石。密度为2.6-2.9g/cm^3，明显小于孔雀石；硅孔雀石硬度2-4，略低于孔雀石。但密度只有2-2.4g/cm^3，比孔雀石小得多，手感明显要轻一些。

市场上还有一种孔雀石仿冒品，就是把绿色和白色粉末用塑料胶结起来制成有平行条纹的仿孔雀石，外观很像天然孔雀石，其鉴别特征是这种仿品没有放射状结构，从而缺少丝绢光泽，有平行的条纹，但不是同心环带。另外，这种仿制品的密度明显比孔雀石小，用手掂有轻飘感。

市场上还可见到有绿色条带的玻璃仿冒品，主要特征是条纹短且宽度不稳定，没有丝绢光泽，并且

图3S-28-02 孔雀石观赏石

图3S-28-03 孔雀石观赏石

玻璃里面可能有气泡，密度小于孔雀石。

俄罗斯已经能合成非常漂亮的孔雀石，它是由众多的致密的小球状团块组成，其化学成分、颜色、密度、硬度、光学性质及X射线衍射谱线等方面的数据和特征与天然孔雀石相似，不仅肉眼难以区分，就是常规鉴定也难以区分，只有差热分析是鉴别天然孔雀石与合成孔雀石唯一有效的方法。所以，珠宝爱好者在购买孔雀石饰品时，不仅要向商家索取有资质检测机构的鉴定证书，而且一定要查看检测项目中是否包括了差热分析。

三　孔雀石的评价

孔雀石晶体非常罕见，有时可见孔雀石猫眼。大多数孔雀石作为观赏石，也可雕制成吊坠、戒面、项链，还可作为印章料。孔雀石没有耀眼的光彩，却有独一无二的高雅气质。评价孔雀石主要依据颜色、纹理和质地。颜色越鲜艳，纹理越清晰，质地越细腻，品质越上乘。

图3S-28-04 孔雀石手串

图3S-28-05 孔雀石手镯

第二十九节　萤 石

PART29　　Fluorite

萤石，由于硬度小、产量大，主要作为工业原料，其中只有极少量的品种可作为宝玉石收藏：1. 结晶完好的晶体或晶簇；2. 有变色效应的萤石；3. 发磷光的萤石，即萤石夜明珠。

图3S-29-01 绿色萤石矿物晶体

一　萤石的主要特征

萤石又称氟石，因受紫外线照射会发出美丽的荧光，故得名萤石。萤石的化学表达式为CaF_2。萤石是工业上提炼氟的主要原料。萤石的颜色极为丰富，常见的颜色有绿、蓝、绿蓝、黄、紫、灰、褐、红等。集合体常呈晶簇状、粒状、条带状、块状等。单晶形态为立方体、八面体、菱形十二面体。立方体晶面上常出现与棱平行的网格状条纹。透明度高，玻璃光泽至亚玻璃光泽。硬度4，密度3.18g/cm^3。有四组完全解理，加工时极易沿解理面裂开。光性均质体，用正交偏光观察为全消光。某些品种有变色效应，混有稀土元素的萤石会发磷光。

二　宝玉石级萤石的主要品种

宝玉石级萤石按颜色可分为绿色（蓝绿、绿、浅绿色）、紫色（深紫、紫、常呈条带状）、蓝色（灰蓝、绿蓝、浅蓝）、黄色（橘黄至黄色，常呈条带状）、无色（无色透明至半透明）。暗蓝色或黑色萤石经热处理可变为蓝色，300℃以下稳定，不可检测。

有特殊光学效应的宝玉石级萤石有两种：变色萤石和萤石夜明珠。

变色萤石指的是在日光灯和白炽灯下呈现不同颜色的萤石，目前市场上见到的主要是变色蓝萤石，在日光灯下为蓝色，在白炽灯下为紫色。

图3S-29-02 蓝萤石手串

“夜明珠”自古以来就是荣华富贵的象征，被人们视为具有神秘色彩的珍宝。萤石夜明珠又称“隋珠”、“明月珠”，指的是加工成球形的有磷光效应的萤石球。萤石的发光性有荧光和磷光两种，荧光是指在紫外线照射时会发光的现象。磷光是指不仅在外界光照时能发光，而且在光源撤去以后能继续发光的现象，发光持续时间越长越好。有些萤石由于含稀土元素而具有磷光效应，白天受光照射发光，晚上在黑暗中能看到它继续发光，人们把这种萤石琢成球形，称为“萤石夜明珠”。能发磷光的萤石在自然界很稀少，值得收藏。收藏夜明珠需注意检查夜明珠是否含有放射性，检查方法有二：一是送有关部门检测，二是自我检测。自我检测的方法如下：把经过光照的夜明珠放入密闭的盒中（注意此盒绝对不能透光），一星期后在绝对黑暗的情况下打开盒子观察夜明珠，如果不发光了，就说明不含放射性。如果仍然有磷光就说明含放射性元素。因为，如果在完全无光照的情况下持续一星期以后仍能发光，那只能有一种解释，就是萤石中的稀土元素在黑暗中仍然受到能量的激发，这种能量只能来自萤石本身所含的放射性物质。

如今在市场上很难见到真正的天然夜明珠，大多数是经人工处理的发光球，也有部分仿冒品。

图3S-29-03 淡灰蓝色萤石矿物晶体

人工处理的发光球主要有充填、涂层和辐照三种类型。充填型是将无磷光的天然萤石放入磷光粉和胶的混合液中浸泡并加热，让磷光粉沿裂隙渗入内部，然后琢成球形。这种充填型发光球的特点是裂隙比周围更亮。涂层型发光球是在萤石表面涂一层混有磷光粉的胶。其特点是发光很强，即使是白天也能看到明亮的磷光。另外，表面腊状光泽，手摸发涩也是鉴别标志。辐照发光球难以直接检测，只有等待时间来证实。因为辐照发光球的磷光会随时间的推移而减弱，三个月内磷光就会消失。

图3S-29-04 紫色萤石矿物晶体

市场上萤石夜明珠的仿冒品主要是一种人造发光宝石——庆隆夜光宝石制成的球。“庆隆夜光宝石”是近几年才开发出的新品种，是以碱土硼铝酸盐为基质，添加稀土元素铕（Eu）作为主激活剂烧制而成，是一种人造的高亮度夜光宝石，它一次吸光后持续发光可达60-70小时，2003 年获得中国发明专利。此种发光宝石质地坚硬（摩氏硬度6）、色彩丰富（绿色、青色、白色、红色和紫色）、发光时间长，已广泛用于生产宝石戒面、玉雕、夜光珠和健身球等产品。市场上一些商人把“庆隆夜光宝石”作为天然宝石出售，还有一些商人把“庆隆夜光宝石”假冒萤石夜明珠出售。根据透明度和硬度可将二者区分，萤石透明—半透明，硬度4；“庆隆夜光宝石”不透明，硬度6。

中国是世界上萤石矿产最多的国家之一，各个省区几乎都有萤石，另外在南非、墨西哥、蒙古、俄罗斯、美国、泰国、西班牙等地也有产出。

三 宝玉石级萤石的评价

单晶或晶簇要求晶体完整、透明、色艳、造型好，集合体要求颗粒越细越好，块度越大越好。变色萤石要求变色效应明显，颜色鲜艳，透明度高。萤石夜明珠要求磷光明亮、持续时间长，如果颜色鲜艳，透明度高，块度大，价值会更高。

图3S-29-05 绿色萤石矿物晶体

第三十节　黑曜石

PART30　Obsidian

黑曜石又称黑曜岩，是一种酸性火山玻璃，是天然玻璃的一种。黑曜石的成分与流纹岩、花岗岩相当，常出现在流纹岩的上部，是酸性火山熔岩流出地面迅速冷凝、矿物没有足够的时间结晶、以非晶质状态聚集成岩形成的。天然玻璃有三种：黑曜石、玄武岩玻璃、陨石玻璃（玻璃陨石）。市场上最常见的是黑曜石。

图3S-30-01 彩虹眼黑曜石手串

黑曜石主要分布在新生代（第三纪、第四纪）火山岩区：美国的夏威夷、日本、印度尼西亚、冰岛、俄罗斯、墨西哥、意大利海岸外的埃奥利群岛等。我国的广东、广西、福建、浙江、江苏等地也有产出。

一　黑曜石的主要特征及与人造玻璃的鉴别

黑曜石（黑曜岩）是一种天然非晶质集合体，含有大量的雏晶和少量的长石、石英微晶、斑晶。化学成分以SiO_2为主，约占60-75%，含$H_2O < 1\%$。玻璃光泽，贝壳状断口。颜色以黑为主，也有棕色、灰色和少量的红色、绿褐色和黄色。在黑色的主体色中经常可见相互平行的不同颜色的条纹，这是岩浆在流动过程中化学、物理分异作用的结果。硬度5-6，略大于普通玻璃。密度为$2.35g/cm^3$。

黑曜石和人造玻璃都是光性均质体，光学物理性质很相似，区分这两种玻璃主要依据内含物：黑曜石中常有长石、石英等多种天然矿物的微晶，有时还可见斑晶，这些在人造玻璃中是看不到的。

图3S-30-02 彩虹眼黑曜石

二　黑曜石的主要品种

黑曜石的品种有很多，但最常的是黑色黑曜石和彩虹眼黑曜石，不常见的还有：银沙黑曜石、金沙黑曜石、桃红黑曜石、雪花黑曜石。

彩虹黑曜石是把有薄细条纹构造的黑曜石琢成球形，在垂直层纹的方向观察，不同颜色的条纹就成了一个个大小不同的同心圆，看上去像眼睛，于是就有了“彩虹眼”的名称，只在一面能看到“彩虹眼”的称为“单眼单彩虹”，对应两个面都有“眼”的称为“双眼双彩虹”。褐红、灰、黄彩虹常见，蓝色少见。

雪花黑曜石是在黑色基底上有很多白色斜长石斑晶，好像夜空飘下的雪花，故得名“雪花黑曜石”，黑底白斑强烈的反差很是耀眼。

桃红黑曜石的特点是红、黑相间，有时红、黑、透明三色相间，透明处很像玉髓，红色部分的颜色很像正长石的颜色，三色组合很像红色鲤鱼，故称为冰种锦鲤黑曜石。

银沙、金沙黑曜石是岩石内有类似金属的内含物，闪银白色光泽的称为银沙黑曜石，也称银曜石。闪金黄色光泽的称为金沙黑曜石，也称金曜石。

三 黑曜石的评价

黑曜石是非晶质集合体，没有晶形，它的优劣完全取决于颜色和图案的耀眼程度和美观程度。对于常见的彩虹眼黑曜石来说，“双眼双彩虹”比“单眼单彩虹”价值高，有彩虹眼的比没有彩虹眼的价值高，彩虹眼的颜色越鲜艳越好。对于少见的银沙黑曜石、金沙黑曜石、桃红黑曜石、雪花黑曜石来说，由于不常见，所以其价格本身就要高于普通黑曜石，如果花纹、颜色靓丽，价格就会更高。

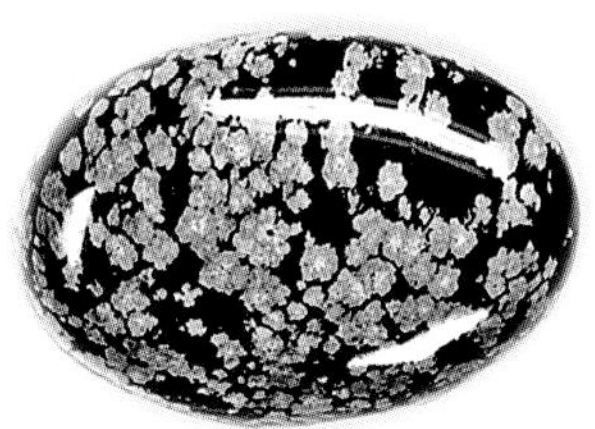

图3S-30-05 雪花黑曜石

图3S-30-03 金沙黑曜石挂件

图3S-30-04 银沙黑曜石挂件

第三十一节　葡萄石

PART31　Prehnite

图3S-31-01 葡萄石原石

葡萄石是一种不太多见、以往知名度也不太高的宝石。但由于外观酷似顶级冰种翡翠，而且价格大大低于同外观翡翠，所以近年来越来越受到人们的喜爱。

葡萄石主要产在法国、瑞士、美国、南非。我国四川泸州、乐山也有产出。

一　葡萄石的基本性质

葡萄石是一种硅酸盐矿物，化学表达式为$Ca_2Al(AlSi_3O_{10})(OH)_2$。市场上几乎没有单晶葡萄石刻面切工的戒面，都是琢成素面的微晶质葡萄石集合体。原石常呈板状、片状、葡萄状、肾状、放射状或块状。玻璃光泽，透明至半透明。硬度6-6.5，密度2.9g/cm^3，解理发育，性脆。主要颜色有：浅绿、浅黄、黄绿、灰绿、绿色。纤维状、放射状结构，质地细腻，经常会出现类似玻璃种翡翠一般的“荧光”。

图3S-31-02 18K玫瑰金葡萄石戒指

二　葡萄石和相似宝玉石的鉴别

由于葡萄石单晶解理发育，市场上几乎没有刻面切工的葡萄石戒面。葡萄石微晶集合体的外观酷似高档玻璃种、冰种翡翠，一些不法商人常用葡萄石冒充翡翠，二者的区分主要依据结构：用放大镜透光观察可清楚地看到葡萄石是纤维状或放射状结构，这两种结构在翡翠中是见不到的；翡翠是交织结构，特别细腻的翡翠虽然看不到交织结构，但可以肯定的是：有纤维状或放射状结构的绝不是翡翠。同样，葡萄石以特征的结构区别于玉髓和水沫玉。

图3S-31-03 18K玫瑰金葡萄石吊坠

三 葡萄石的评价

葡萄石通透细腻的质地、优雅清淡的嫩绿、含水欲滴的透明度、酷似冰种翡翠的外观以及比同种外观翡翠价格低很多的优势，越来越受到人们的喜爱。

葡萄石的评价主要考虑颜色、透明度、质地和重量。葡萄石以内部越纯净、透明度越高越好，颜色越鲜艳、越纯正越好，质地越细腻、起荧光越圆润越好，同等条件下块度越大价格越高。

图3S-31-04 18K玫瑰金葡萄石戒指和吊坠

图3S-31-05 18K玫瑰金葡萄石戒指

图3S-31-06 18K玫瑰金葡萄石吊坠

第三十二节　珍 珠

PART32　PEARL

珍珠是最常见、也是最重要的有机宝石，自古以来深受国内外人士的宠爱，有“宝石皇后”、“海中女皇”等美称。珍珠象征生活美满、家庭和睦、健康长寿。国际珠宝界把珍珠作为6月的生辰石和结婚三十周年的纪念石。

珍珠有天然与养殖、海水与淡水之分。天然珍珠主要产于波斯湾地区、斯里兰卡和南洋地区。海水养殖珍珠的主要产地是日本、中国、夏威夷和法属波利尼西亚。淡水养殖珍珠主要产地是中国，其次是日本。

图3S-32-01 珍珠项链

一　珍珠的成分和物理性质

珍珠的化学成分以$CaCO_3$为主，占82-91%，H_2O 2-4%，珍珠角质4-14%，其他<1%。珍珠的矿物成分以文石为主，其次为方解石和非晶角质。珍珠具有典型的珍珠光泽，珍珠层厚则光泽强，薄则光泽弱。珍珠的颜色包括体色和伴色两部分。体色亦叫背景色，是珍珠本身固有的颜色，是由所含微量元素造成的。例如，含银常呈奶油黄色，含钠呈肉色，含锌呈粉红色，不含杂质元素为洁白色；伴色又称色彩，是珍珠表面及内部珠层对光的反射（在光的反射过程中伴随有光的干涉、漫射等光学效应）造成的，是叠加在体色之上的一种晕色。主要有蓝色、玫瑰色、绿色等。

珍珠的颜色非常复杂，分类方案有三分法和五分法两种。三分法把珍珠背景色划分为白色系（白色、粉红色、玫瑰色、奶油色等）、黑色系（黑蓝色、紫色、蓝绿色、深绿色、青铜色、黑色等）

和杂色系或称有色系（浅—中等黄、绿、蓝、紫罗兰等较艳的颜色）；五分法把珍珠的颜色分为白色系（纯白、银白、奶白、瓷白等）、红色系（粉红、玫瑰色等）、黄色系（浅黄、金黄和米黄色等）、深色系（黑、蓝黑、灰黑、古铜色、蓝褐色、紫褐色等）和杂色系（每颗珍珠上有两种以上的颜色）。

图3S-32-02 18K黄金珍珠套件（戒指 吊坠 耳钉）

珍珠的密度一般为2.70g/cm^{3}左右，不同产地、不同类型的珍珠密度略有差异：墨西哥湾的天然珠密度2.61-2.69，澳大利亚的珍珠密度高达2.78，淡水天然珍珠密度一般为2.66-2.78，人工养殖珍珠为2.72-2.78。珍珠硬度2.5-4，韧性较好，但随时间的推移，珍珠逐渐失水，或者过分的漂白增白处理都会使韧性降低，脆性变大。珍珠遇到各种酸都会分解，起泡放出CO_2气体。在长波紫外光下黑色珍珠发淡红—红色荧光，或黄—褐黄色荧光。其他各类珍珠有部分发白色荧光。

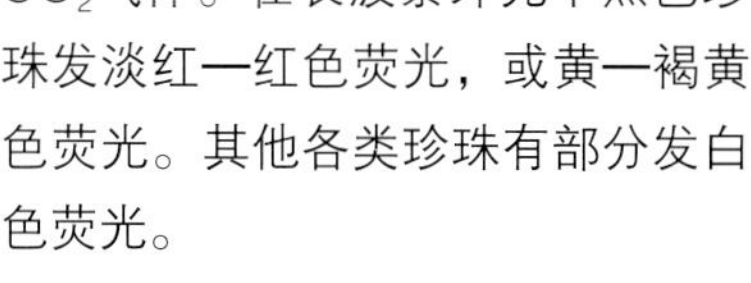

二 珍珠的种类及鉴别特征

珍珠按其成因可分为天然珍珠与人工养殖珍珠两大类，这两大类又可根据生长环境两分为海水与淡水，即：天然海水珍珠与天然淡水珍珠，人工海水养殖珍珠与淡水养殖珍珠。淡水养殖珍珠又可分为有核养殖珍珠与无核养殖珍珠。目前市场上天然珍珠不太多见，主要是淡水养殖珍珠。

1. 天然珍珠与有核养殖珍珠的区别

天然珍珠与有核养殖珍珠最主要的区别是“核”。天然珍珠的“核”很小，甚至是肉眼看不见的砂粒、细菌、寄生虫或气泡等；养殖珍珠的核是用贝壳磨成的圆形小球，称为珠母，具有明显的平行条纹结构，珠母与周围珍珠层的界线分明。天然珍珠几乎完全由珍珠层构成；有核养殖珍珠的珍珠层一般只有0.4-1.5毫米厚，当用强光透射时，天然珍珠透光性差；有核养殖珍珠透光性较好，有时甚至可见

图3S-32-03 18K玫瑰金珍珠戒指和吊坠

图3S-32-04 18K金黑珍珠套件（戒指 吊坠 耳钉）

图3S-32-05 18K金黑珍珠吊坠和戒指

珠母造成的灰、白相间的条纹效应，从珍珠穿孔向内观察可见珍珠层与核的界线（常呈褐色或被染成其他颜色）。

另外，天然珍珠颗粒一般较小，表面光滑。养殖珍珠表面比较粗糙，常见突起和凹坑。

2. 无核养殖珍珠的鉴别特征

无核养殖珍珠亦称琵琶珠，这种珍珠的形成不需要珠母，只需将小蚌体内的外套膜取出，切成5毫米的方形小块，插入育珠蚌的外套膜内，依靠育珠蚌的营养，膜片继续成活，并逐渐和育珠蚌的外套膜长在一起，形成密封的珍珠囊，母蚌分泌的珍珠层在囊内生长形成珍珠。这种珍珠无核，由于外来膜片与母蚌生长膜构成的珍珠囊形态各异，因此生长出的珍珠形状多呈不规则状和椭圆状。一个育珠蚌内可同时植入数十个膜片，可长出数十粒无核珠。这种珍珠一般颗粒既小又不规则，表面也极不光滑。

3. 天然黑珍珠与改色、染色黑珍珠的鉴别

天然黑珍珠产量少，并且价格昂贵，难以满足市场需求。因此常用辐照法将淡水珍珠和以淡水蚌贝为核的海水养殖珍珠改为黑色，或把浅色珍珠放入硝酸银和氨水溶液中浸泡，泡好后取出放在阳光下或硫化氢气体中还原，将珍珠染成黑色。用辐照法得到的黑珍珠无外来物质的加入，称改色黑珍珠，用硝酸银制得的黑珍珠有外来物质的加入，应称染色黑珍珠。

图3S-32-06 18K金黑珍珠戒指和吊坠

区别天然黑珍珠与辐照改色黑珍珠主要依据光泽和粒度。天然黑珍珠晕彩柔和，珍珠光泽；改色黑珍珠晕彩浓艳，强金属光泽。

鉴别染色黑珍珠主要依据下列四点。

1. 色调及颜色分布特征，天然黑珍珠并非纯黑色，而是带蓝色调、青铜色调的黑色，并且颜色分布不够均匀，染色黑珍珠为纯黑色，颜色总体分布均匀，但在穿孔处、裂纹处较深。
2. 荧光，天然黑珍珠在长波紫外光下发淡红—红色荧光。染色黑珍珠一般不发荧光，个别发绿色荧光。
3. 粉末颜色，天然黑珍珠粉末

为白色，染色黑珍珠粉末全黑。看粉末颜色属有损检测，要十分小心，最好在不显眼的部位（如穿孔处）刮取粉末，切不可在珍珠表面随意刮取。

4. 窥视内核，天然黑珍珠无核；染色黑珍珠从穿孔向内窥视可见黑色内核。

图3S-32-07 18K金珍珠耳钉

三 仿制珠的鉴别

仿制珠是用塑料、玻璃、珊瑚、贝壳球珠作核，放入“东方香精”（或称为“真珠精液”，是用鱼鳞中提炼的物质制成的）中多次浸泡，使球珠表面沉淀一层层具有珍珠光泽的覆盖物，这样制成的假珍珠可从六方面进行鉴别。

1. 表面特征

珍珠表面具有明显的生长特征，例如：生长纹，阶梯状、砂丘状花纹和条带；仿制珠表面似鸡蛋壳状，呆板单调。用珊瑚作核的仿制珠表面常有长条状、螺纹状不规则小孔。

2. 颜色和光泽

珍珠有体色、有伴色，丰富多彩、柔和美丽；仿制珠明亮刺眼，颜色呆板单调。

3. 穿孔口特征

珍珠穿孔口平整规则，仿制珠穿孔口常见“真珠精液”覆盖层起皮、脱落、打卷现象。

4. 手感

塑料和空心玻璃球充蜡仿制珠用手掂有轻飘感，用手触摸有温感。

5. 磨擦感

用一对珍珠对蹭有砂粒粗糙感；仿制珠对蹭有滑感。

6. 针剥

用针剥穿孔口边缘，珍珠呈细

图3S-32-08 18K金珍珠耳坠和吊坠

小鳞片状崩落；仿制珠成片脱落。

综上所述，仿制珠的鉴别可归纳为一句话，即：一看、二掂、三蹭、四剥。一看是看表面特征、颜色、光泽和钻孔；二掂是感受一下是否有轻飘感和温感；三蹭是看是否有滑感；四剥是看珍珠层是否呈大片状。

图3S-32-09 18K金黑珍珠耳钉

四　珍珠的评价

评价珍珠主要考虑颜色、光泽、形状、大小、加工工艺和珍珠成因类型。

1. 颜色

不同国家、不同肤色的人对不同颜色的珍珠有偏爱，例如，中国人喜欢粉红色、银白色和黑色；意大利人、英国人喜欢奶油色、粉红色；法国人喜欢白色；美国人喜欢桃红色、白色。南美人喜欢深金黄色。

公认的最佳色有两种，一是体色为玫瑰色，伴色为蓝色和绿色；二是体色为黑色，伴色为绿色。

2. 光泽

光泽是决定珍珠品质的关键因素。

珍珠的光泽由三部分构成：一是珍珠表面对光的反射，有人称之为皮光。显然，珍珠表面越平滑，皮光越强。二是珍珠内各薄层对光的反射，包括各薄层反射光的叠加和干涉，有人称之为珠光，一般来说，珍珠层越厚珠光越强。三是皮光和珠光的叠加。当皮光和珠光都很强时就会形成虹彩光泽。按光泽的强弱大致可分为三级，具体标准为：

强光泽
表面晶莹润泽，虹彩清晰，能照见物体，是一级珍珠必备的光泽。

中等光泽
表面基本透净，基本能照见或部分照见物体，是二级珍珠必备的光泽。

弱光泽
表面呈珍珠光泽，珠光弱。

图3S-32-10 18K金黑珍珠戒指和吊坠

3. 形状

根据形状可把珍珠分为四类：

正圆珠
（长短直径差<1%）、

圆珠
（长短直径差1-10%）、

椭圆珠
（长短直径差10-20%）、

畸形珠
（长短直径差>20%）。

其中畸形珠又可根据形象分为若干种，例如馒头珠、坠形珠、双子珠（似亚铃状）、马背珠、母子珠（似葫芦状）、梨形珠、钮扣形珠、泪滴形珠、随形珠（形状极不规则）等。

价值最高的是正圆珠，可在平盘内自由滚动，又有滚盘珠之称。一些形象美丽的畸形珠（泪滴形、钮扣形、梨形等）价值也很高。

4. 大小

根据珍珠直径大小可把珍珠分为四类：

细厘珠（直径<5毫米）
小珠（直径5-6毫米）
中珠（直径6-8毫米）
大珠（直径>8毫米）。

也可根据重量大小划分，单颗珍珠重量大于15克拉为大珠。价格与重量的平方成正比。

5. 加工工艺

用于制作项链的珍珠主要看钻孔是否对称，孔径大小是否均匀。另外，过度的漂白、增白会破坏珍珠的结构，也会使其价值降低。

图3S-32-11 18K金黑珍珠吊坠和耳钉

6. 成因类型

天然珍珠价值远远高于人工养殖珍珠，海水养殖珍珠高于淡水养殖珍珠。

五　珍珠的保养

珍珠主要由$CaCO_3$和有机质组成，并含水（H_2O），因此硬度低，化学稳定性差。刻划、过热、酸碱腐蚀都会使珍珠受到损坏，佩戴珍珠首饰必须注意保养。主要有下列四点：

1. 避免过度受热。温度升高会使珍珠失水，也会加速文石矿物向方解石的转化，使珍珠变黄的速度加快。
2. 避免接触硬物。珍珠硬度只有2.5–4，玻璃硬度为4.5–5.5，水晶的硬度6.5–7，生活中硬度高于珍珠的物品很多，佩戴和存放时要尽量避免与这些硬物接触。否则，久而久之会在珍珠表面造成很多划痕和凹坑，使珍珠的光泽变得暗淡。
3. 避免腐蚀性生活用品与珍珠接触。例如，香水、酒精、发乳、醋、盐等，都会程度不同地使珍珠受损。
4. 不佩戴时必须清洗后再保存起来。清洗时不要使用强碱性清洗剂，用肥皂溶液即可。

图3S–32–12 18K金珍珠吊坠

第三十三节　琥 珀

PPART33　　Amber

“透明似水晶，光亮如珍珠，色泽像玛瑙”，这是人们对琥珀的赞美。琥珀是目前世界上唯一能携带生物穿越时空，历经几千万年依然保存完好如初的宝石。琥珀是欧洲宝石文化的代表，自古以来欧洲人都把琥珀视为吉祥物。琥珀被列为11月份的生辰石。琥珀还是佛教界七宝之一。

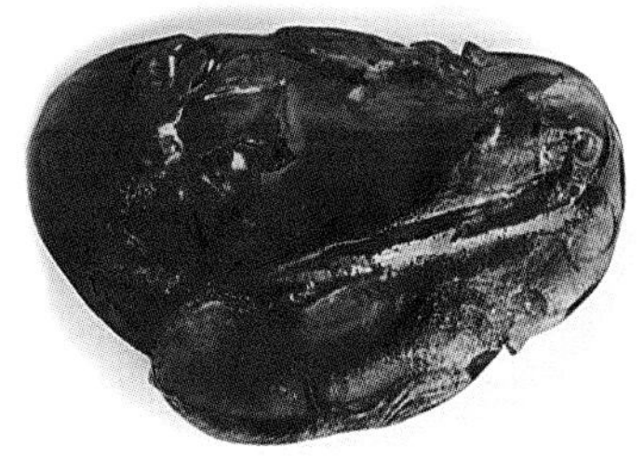

图3S-33-01 琥珀原石

图3S-33-01 琥珀原石

全世界75%-85%的琥珀产于波罗地海沿岸的波兰、俄罗斯、立陶宛等国家，另外，多米尼加、缅甸、中国辽宁抚顺、河南南阳等地也有产出。

一　琥珀的基本性质

琥珀是中生代白垩纪和新生代第三纪松柏科植物的树脂，经地质作用掩埋于地下失去挥发组分并聚合、固化形成的一种石化物。化学成分为$C_{10}H_{16}O$，并含少量H_2S，微量元素主要有：Al、Mg、Ca、Si、Cu、Fe、Mn等。琥珀的外形常呈结核状、瘤状、拉长的水滴状、圆形、椭圆形和有一定磨圆的不规则状。琥珀为非晶质体，在正交偏光镜下全消光，常有异常消光，有时由于局部结晶造成局部发亮。琥珀的颜色多呈黄—棕黄色、棕色、暗红色、浅绿色，偶见淡紫色。树脂光泽，透明至微透明。硬度2-2.5，密度1.08g/cm^3。性脆韧性差。摩擦产生静电。加热到150℃时开始变软，250℃熔融，并散发出松香气味。琥珀内含物较多，常见有昆虫、种子、果实、树叶、气液包裹体等。紫外灯下有荧光，常见淡蓝白色荧光。

图3S-33-03 双色红花珀

二 琥珀的品种

市场上常见的琥珀品种有：金珀、血珀、虫珀、香珀、石珀、蜜蜡、蓝珀、骨珀、金绞蜜等。

金珀指的是金黄色透明的琥珀。血珀指的是如同高级红葡萄酒红色透明的琥珀。含动、植物遗体的琥珀称为虫珀。香珀就是有香味的琥珀。石珀就是石化程度高、硬度稍大的琥珀。蜜蜡是指半透明—不透明的、蜡状光泽的、以黄色调为主的琥珀。蓝珀在自然光下可以是蓝色，也可以是带蓝色调的棕色、黄色或紫色，但在紫外灯下必须有蓝色荧光。骨珀指白色的琥珀。金绞蜜指透明的金珀和半透明的蜜蜡互相纠缠在一起的琥珀。其中金珀、血珀、蓝珀是珍贵优质品种。

图3S-33-04 血珀手串

三 琥珀与仿冒品的鉴别

由于琥珀本身就是一种古代松柏科植物树脂的石化物，所以，与琥珀最相似的就是各种树脂，其次就是一些塑料仿制品。

树脂类的仿冒品主要包括松香、柯巴树脂和硬树脂。这三种树脂只是距今的年代不同、受到的地质作用不同、石化程度不同而已。松香是现代树脂，未经受任何地质作用的改造；柯巴树脂是距今100万年的树脂，没有石化；硬树脂是半石化的树脂。这三种树脂之间以及它们和琥珀之间有很多相似之处，不同点主要体现在耐热、耐化学腐蚀的程度、紫外荧光的强度、性脆程度等方面。松香未受地质作用改造，性最脆，手一捏即可成粉末，淡黄色，不透明，硬度小，黄绿色强紫外荧光，燃烧有芳香；柯巴树脂和硬树脂有强白色紫外荧光，在树脂上滴一滴酒精，30秒钟就出现溶于酒精的反应：表面发粘或变得不透明，而真正的琥珀滴上酒精30秒内反应不明显。用热针接触树脂时会熔化，粘在针上形成长“线”。小刀削琥珀削下来的是粉末；而树脂会成块脱落。用棉签沾点指甲油反复擦拭琥珀表面，没有明显的变化；而树脂因为没有石化就会被腐蚀出现小坑。用树脂制成的产品经常会出现非常小而深的裂纹。

图3S-33-05 红花珀手串

尽管有这么多的简易方法来鉴别树脂和琥珀，但由于树脂（特别是那些几百万年的半石化的树脂）与琥珀太相似了，所以在购买价格昂贵的琥珀制品时，最好让商家出示有资质检测机构的鉴定证书。

市场上也有大量的塑料仿琥珀制品，以往的仿制品有明显的流动构造，易于鉴别，如今的塑料仿琥珀在外观和手感上与琥珀非常相似，可依据荧光、耐热性和可切性加以区分：琥珀一般有淡蓝白色紫外荧光，热针烤或燃烧有芳香，小刀切有缺口，刮有粉末；而塑料仿制品有的无紫外荧光，有的为其他颜色的荧光，热针烤或燃烧有刺鼻臭味，小刀可切。

图3S-33-06 金花珀挂件

四 优化处理琥珀的鉴别

琥珀的优化、处理主要有加热、染色和再造。

传统的优化工艺是把透明度不好的琥珀放入植物油或细沙中加热，使琥珀的透明度提高，颜色加深，同时造成内部气泡的全部爆裂，形成所谓“睡莲叶”或“太阳光芒”式的叶状裂纹。传统优化方法安全性和稳定性都比较差，而且效果也不够理想。现代商业上对琥珀的优化大多采用琥珀压力炉，一切优化过程都在密封的炉舱内进行，通过对加热时间、温度、压力以及氧化还原条件的控制来完成琥珀的净化、烤色、爆花等各种优化工艺。目前市场上的金珀、血珀、金花珀、红花珀、二色珀，甚至绿珀，大多都是优化琥珀。按国标《GBT 16552-2010 珠宝玉石名称》的规定，琥珀加热属于优化，不必特别说明。

图3S-33-07 金绞蜜挂件

染色琥珀是为了显示琥珀的年代久，常把琥珀染成棕红色，用放大镜观察可发现裂隙中颜色深即可辨认。染色是有外来物质的加入，属于处理，商家必须要向购买者说明。

再造琥珀也称为“压制琥珀”、“熔化琥珀”、“模压琥珀”，是把琥珀的小碎块在一定的温度和压力下烧结在一起，形成较大块的琥珀。老的再造工艺会有流动构造和拉长的气泡，放大镜观察可见浑浊的粒状结构。新工艺压制的再造琥珀透明度高，没有流动构造，有类似糖浆状的搅动构造，放大镜观察可见类似“血丝”状构造。在抛光面上可以看到各碎块间由于硬度不同出现的凹凸现象。正交偏光整体可见异常消光，琥珀虽然也常有异常消光，但经常出现由于重结晶而造成的局部发亮现象，二者区别比较明显。另外，再造琥珀的紫外荧光强于天然琥珀，表现为明亮的白垩状蓝色；而天然琥珀为淡蓝白色或浅黄色。从外观颜色上看，再造琥珀多带橙色调，表现为橙黄或橙红色；天然琥珀通常为黄色、棕色和红色。

图3S-33-08 红花珀挂件

图3S-33-09 蜜蜡手串

五　琥珀的评价

琥珀的颜色、块度、透明度、内含物是评价的重要因素，琥珀的颜色越浓、越纯正越好，其中蓝珀、绿色琥珀、血红的血珀、颜色纯正的金珀是收藏的佳品。块度越大价值越高，透明度越高价值越高，内含物越完整、造型越奇特、品种越稀有价值越高。颜色纯正、质地圆润的蜜蜡也很受欢迎。

图3S-33-10 血珀手镯

图3S-33-11 18K金红花珀耳钉

第三十四节　贵金属常识

PART34　PRECIOUS METAL SENSE

贵金属是金（Au）、银（Ag）、铂（Pt）、锇（Os）、铱（Ir）、钌（Ru）、铑（Rh）、钯（Pd）八种金属的统称。Pt、Os、Ir、Ru、Rh、Pd这六个元素，在周期表上统称为铂族金属，也称为铂族元素。贵金属大多数拥有美丽的色泽，强的耐化学腐蚀能力。除在工业上有广泛的用途外，还大量的用来制作珠宝首饰，其中用量最大的是金（Au）、银（Ag）、铂（Pt）、钯（Pd），其次是铑（Rh）和铱（Ir）。

图3S-34-01 自然金

一 金（Au）

1. 金的基本性质

金在元素周期表中处在第6周期、ⅠB族，原子序数79，原子量196.967。纯金为金黄色，由于含杂质的种类和数量不同会带有不同的色调，强金属光泽。摩氏硬度2.5，密度19.32g/cm^3。熔点1064.43° C。在所有金属中，金的延展性最好，一克纯金可拉成420米以上的金丝，可碾成厚度为0.01微米的金箔。金的化学性质非常稳定，在自然界除了与碲（Te）形成碲化金外，都是以自然金的状态存在。碱对金无明显的腐蚀作用。金与单独的盐酸、硝酸、硫酸都不起反应，但溶于由一份硝酸和三份盐酸配制的王水，也溶于碱金属或碱土金属的氰化物溶液，还溶于硝酸和硫酸的混合酸、酸性的硫脲溶液、沸腾的氯化铁溶液、有氧存在的钾、钠、钙、镁的硫代硫酸盐溶液。金有良好的导电性和导热性。

2. 足金和K金

（1）足金和K金的含义

金按其纯度分为足金和K金，足金又可按纯度分为万足金、千足金和足金。含金量在99.99%以上称为万足金，含金99.9%称为千足金，含金99%称为足金。

由于足金硬度小，而且太柔软，制作的首饰既容易被划伤又容易变形，镶嵌宝石还容易造成宝石的脱落。为了提高金首饰的强度和韧性，需在金中添加铜、银等其他金属，这种添加了其他金属的金就称为K金，也就是说，K金是黄金与其他金属按一定比例熔合而成的合金。国际上把足金作为24K，每1K即1/24，含金量为4.166%，18K就是18/24，含金量为75%，其余25%为铜、银等其他金属，行内称为补口料。14K就是14/24，含金量为58.3%。9K就是9/24，含金量为37.5%。我国的黄金镶宝首饰多采用18K，欧美多采用14K，甚至还有采用9K的。

图3S-34-02 黄金艺术品

图3S-34-03 黄金艺术品

表34-01 足金K金标示印记一览表

含金量	标示　印记
99.99%	万足金 、9999金、 Gold9999或G9999
99.9%	千足金、 999金 、Gold999或G999
99.0%	足金、 99金、 Gold99或G99
75%	G750或Gold 750、 Au18K　G18K
58.3%	G583或 Gold583 、Au14K　G14K
50%	G500或Gold500 、 Au12K　G12K
37.5%	G375 或Gold375 、 Au9K　G9K

（2）彩金

彩金就是彩色的K金，据报导，目前已知有紫红、红、粉红、橙、绿、蓝、灰、白及黑色的彩金，是在补口料中加入不同的金属或调整补口料中各种金属的比例制作的。也可在表层电镀不同金属制成不同颜色的彩金。目前市场最流行的是K黄金、K白金和玫瑰金。

K黄金就是传统的18K黄金，金黄色，是金、铜、银的合金。K白金不是白金，而是白色K金，又称白K金，是在补口料中除铜、银以外再加少量的锌或钯，使K金成为白色，之后再在表面镀一层铑，使其成为亮白色。玫瑰金是呈玫瑰色的彩金，是调整补口料中铜、银、锌的比例，使其颜色成为深浅不同的玫瑰色。玫瑰金流行于欧美，现在越来越受到国人的青睐。

图3S-34-04 黄金艺术品

3. 金的计量单位

全世界金的计量单位有很多种，例如：金衡盎司、常衡盎司、司马两、日本两、托拉等，但最常用也最通用的是“金衡盎司”。

“金衡盎司”是欧美黄金交易专用的计量单位，也是世界通用的黄金计量单位，它不同于日常使用的“常衡盎司”。

图3S-34-05 黄金艺术品

1金衡盎司	=	31.1035克；
1常衡盎司	=	28.3495克；
1金衡盎司	=	1.0971428常衡盎司；
1公斤	=	32.1507金衡盎司；
1金衡盎司	=	2.6667托拉（用于南亚地区）；
1司马两（用于香港）	=	1.203354金衡盎司；
1司马两	=	0.74857两（中国10两制）；
1司马两	=	1.197713两（中国16两制）；
1两（中国16两制）	=	1.0047金衡盎司；
1日本两（用于日本）	=	0.12057金衡盎司＝3.75克；

二 铂金（Pt）和铂族金属

1. 铂族金属的基本性质

铂（Pt）、锇（Os）、铱（Ir）、钌（Ru）、铑（Rh）、钯（Pd）这六种金属，无论是地球化学性质还是物理化学性质，都有很多相似之处，在地球上它们常常密切共生，所以把这六种金属统称为铂族金属，或铂族元素。在元素周期表中属第5、6周期、ⅧB族。

铂族金属中除锇（Os）为蓝灰色外，其余均为银白色，熔点高，耐腐蚀性强，有优良的高温抗氧化能力和稳定的热电性。纯铂和钯有良好的延展性，能加工成微米级的细丝和箔。铑和铱的高温强度很好，但冷塑性加工性能稍差。锇和钌的硬度高，但机械加工性能差，而锇即使在高温下也几乎不能进行塑性加工。所以，在珠宝首饰业中用量最大的是铂金，其次是钯和铑，再次是铱。锇和钌主要作为合金添加剂。

铂金（Pt）色泽纯白，俗称白金。只有铂金才能称为白金，其他任何白色金属都不能称为白金。铂金在地球上的储量比黄金还要少，所以价格比黄金更高。铂（Pt）的原子序数是78，原子量195.084，

图3S-34-06 黄金艺术品

图3S-34-07 Pt950铂金钻戒

纯铂为银白色，金属光泽。摩氏硬度4-4.5，密度21.45g/cm^3。熔点1700℃，化学性质极稳定，除王水以外不受酸碱腐蚀，在空气中不氧化。

钯（Pd）是铂族的一员，原子序数46，原子量106.42，银白色，密度12.00g/cm^3，延展性强，硬度比铂金稍大，不溶于有机酸、冷硫酸或盐酸，但溶于硝酸和王水。空气中不易氧化，加热到400℃左右表面会产生氧化物，但温度上升至900℃时又恢复光泽，熔点1552℃。

铑（Rh）在周期表中的位置是第5周期ⅧB族，原子序数45，原子量102.906。颜色为银白色，金属光泽，反射率高。摩氏硬度4-4.5，密度12.7g/cm^3。熔点1966℃。由于铑的化学性质稳定，对可见光有高的反射率，因此主要用于电镀业，将其电镀在其他金属表面，镀层色泽坚固，不易磨损，反光效果好。所谓的925银饰品表面镀白金，事实上镀的就是铑。铂金首饰表面也要镀一层铑才更明亮。

铱（Ir）在周期表第6周期第ⅧB族，原子序数77，原子量192.22。密度22.42g/cm^3，摩氏硬度6.5，熔点2454℃。铱是最耐腐蚀的金属，不溶于酸，只有海绵状的铱才会缓慢地溶于热王水中，如果是致密状态的铱，即使是沸腾的王水，也不能被腐蚀；熔融的氢氧化钠、氢氧化钾和重铬酸钠对铱稍有腐蚀。铱很少单独使用，都是与其他铂族金属制成合金。由于铱的密度接近黄金，一些不法商家在金饰品中经常加入铱，以弥补金成色的不足。这种加了铱的黄金用测密度的方法是很难发现的。

2. 铂合金、钯合金

用铂金、钯金镶嵌钻石可使钻石更显高贵，尽管纯铂、纯钯的硬度比黄金高，但作为镶嵌之用尚嫌不足，必需与其他金属合金，方能用来制作镶嵌首饰。首饰业常用铂钌合金、铂铱合金、铂钯合金，也有使用铂钴合金的。

图3S-34-08 Pt950铂金钻戒

按照国家《首饰贵金属纯度的规定及命名方法》的规定，铂金首饰中铂和钯的总含量不得小于950‰。铂金首饰标示方法为：以纯度千分数冠以铂或Pt，例如：铂990或Pt990。在我国首饰镶嵌用的铂金成色大多为Pt950、Pt900。Pt990称为足铂。钯金首饰的标示有Pd950、Pd900。

日本使用的铂纯度标示为：Pt1000. Pt950. Pt900. Pt850，并可以有微小的（0.5%）负差。常用的是Pt900。由于日本是香港最重要的出口市场，因此香港也采用日本标准。

美国的规定是：Pt含量必须>50%、同时铂族金属总量不<95%才能称为铂首饰，其中Pt含量>95%时可打上Pt印记，铂含量在75%-95%之间的首饰，必须打上铂族金属的印记。Pt含量为50%-75%时，必须打上所含铂族金属的名称及其含量，如：585PLAT 365PALL（585铂365钯）。

三 银（Ag）

1. 银的基本性质

银在周期表中的位置是第5周期、ⅠB族，原子序数47，原子量107.868。银白色，金属光泽。摩氏硬度2.5，密度10.53g/cm^3，熔点961.78℃，延展性仅次于金，能压成薄片、拉成细丝、轧成银箔，是导电性和导热性最好的金属。银不会与氧气直接化合，但与硫化氢作用生成黑色的硫化银。空气中微量的臭氧也能和银直接作用，生成黑色的氧化银。银在稀盐酸或稀硫酸中不会被腐蚀，但是，王水、硝酸、热的浓硫酸、浓盐酸都能溶解银。银的耐碱性很强，强碱氢氧化钾、氢氧化钠对银没有腐蚀作用。

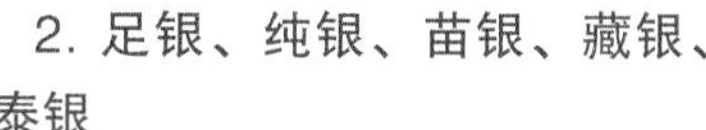

2. 足银、纯银、苗银、藏银、泰银

银含量>99%称为足银，银含量>99.9%称为千足银，银含量>99.99%称为万足银，含银量为92.5%的称为标准银，也称纯银，是国际公认纯银的最低含量，表示为925银或S925。

苗银，也叫云南银，是苗族特有的一种由银和白铜组成的银合金，银含量一般为40%左右。

藏银，现在市场上的“藏银”一般不含银，是白铜和镍合金的雅称，也有些是锡铝合金制品。传统的“藏银”源于西藏，为30%银+70%铜，因为含银量太低，市场上已经难以见到。

泰银，又称“乌银”，最早源于泰国。泰银是利用银碰到硫发黑的特性制成的，乌银覆盖层疏松乌黑，与白银的光洁银白形成鲜明对比，有一种特殊的视觉效果。也有人把有乌银视觉效果的925银称为泰银。

图3S-34-09 足银凤镯

图3S-34-10 足金龙凤镯

图3S-34-11 自然金

附录　实用鉴定提示表

APPENDIX

附表1　无色透明刻面宝石实用鉴定提示表

光泽	色散	影像特征	硬度	宝石名称
金刚	柔和	无影像	10	钻石
亚金刚	较柔和	大环　单虹	8.5	立方氧化锆
金刚	较刺眼	无影像　双影	9.25	合成碳硅石
玻璃	柔和	大环　单虹	6. 5	钆镓榴石
玻璃	柔和	中-大环　单虹	8.5	钇铝榴石
玻璃	刺眼	无影像	5.5	钛酸锶
油质	刺眼	无影像	6.5	合成金红石
亚金刚	柔和	大环　双虹	7	天然锆石
玻璃	弱	中环　单虹	8	无色尖晶石
玻璃	弱	中环双虹有重叠	9	无色刚玉
玻璃	弱	小环双虹有重叠	8	无色黄玉
玻璃	弱	小环双虹有重叠	7	无色水晶
玻璃	柔和	中环　单虹　宽	5	火石玻璃

附表2　红色刻面宝石实用鉴定提示表

光泽	荧光	影像特征	硬度	宝石名称
玻璃	红	中环　双虹有重叠	9	红宝石
玻璃	红	中环　单虹	8	尖晶石
玻璃	无	中环 单虹	7.5	石榴石
亚金刚	无	大环　双虹　分离	6-7	天然锆石
玻璃	紫	小环　双虹　分离	7-8	碧玺
玻璃	无	小环 双虹有重叠	8	粉红色黄玉
亚金刚	无	大环　单虹	8.5	立方氧化锆
玻璃	无	小环　单虹	5.5	普通玻璃
玻璃	无	中-大环　单虹	5	稀土玻璃

附表3　蓝色刻面宝石实用鉴定提示表

光泽	影像特征	硬度	其他	宝石名称
玻璃	中环　双虹有重叠	9	生长纹	蓝宝石
玻璃	中环　双虹分离	6–7	色散明显	蓝锥矿
玻璃	中环　双虹分离	4–7	拉丝包体	蓝晶石
玻璃	中环　单虹	8	颜色泛灰	尖晶石
玻璃	小环双虹有重叠	7	泛紫	坦桑石
亚金刚	大环　双虹　分离	6–7	双影明显	天然锆石
玻璃	小环　双虹分离	7–8	有双影	碧玺
亚金刚	大环　单虹宽	8.5	比重大	立方氧化锆
玻璃	小环　双虹有重叠	7–8	强多色性	水蓝宝石
玻璃	小环　单虹	5.5	有气泡	蓝色玻璃
玻璃	中–大环　单虹	5	亮度差	稀土玻璃

附表4　绿色刻面宝石实用鉴定提示表

影像特征	硬度	其他典型特征	宝石名称
小环　双虹有重叠	7.5	滤色镜泛红或绿	祖母绿
中环　单虹　较宽	7.5	滤色镜下泛红	绿石榴石
小环　双虹分离	7.5	透明度高　有双影	碧玺
小环　单虹	4	解理纹明显	莹石
中环　双虹有重叠	9	灰绿　黄绿色调	绿色蓝宝石
小环　双虹有重叠	5	淡蓝绿色	磷灰石
小环　双虹分离	5–6	绿色荧光	络透辉石
中环　单虹	5	有气泡　有色散	稀土玻璃
小环　单虹	5.5	有气泡　旋涡纹	绿玻璃

附表5　天蓝色刻面宝石实用鉴定提示表

影像特征	硬度	其他典型特征	宝石名称
小环　双虹有重叠	7.5	滤色镜下为艳蓝绿色	海蓝宝石
小环　双虹有重叠	8	滤色镜下灰蓝或粉红	蓝托帕石
中环　单虹	8	有灰色调	蓝尖晶石
大环　双虹分离	6–7	色彩明亮　双影明显	蓝锆石
小环　单虹	5.5	气泡	蓝玻璃

附表6　紫色刻面宝石实用鉴定提示表

影像特征	硬度	其他典型特征	宝石名称
小环　双虹有重叠	7	颜色不匀　有色带	紫晶
中环　单虹	8	红色荧光	尖晶石
中环　单虹　宽	5	色散明显　亮度差	稀土玻璃
大环　单虹　宽	8.5	亚金刚光泽色散强	立方氧化锆
小环　单虹	4	解理纹明显	萤石
小环　单虹	5.5	有气泡　旋涡构造	普通玻璃

附表7　黄绿色刻面宝石实用鉴定提示表

影像特征	硬度	其他典型特征	宝石名称
小环双虹分离	6–7	颜色明亮　双影明显	橄榄石
小环双虹分离	7.5	透明度高有双影	电气石
大环双虹分离	6–7	金刚光泽　双影	锆石
中环　单虹　较宽	7.5	滤色镜下红色	绿石榴石
中环双虹有重叠	8.5	褐色调	金绿宝石
小–中环　双虹分离	5–6	双影较明显	透辉石
小–中环双虹分离	6–7	双影明显　褐色调	硼铝镁石
小环　单虹	5	气泡　光亮度差	玻璃

附表8　黄色刻面宝石实用鉴定提示表

影像特征	硬度	其他典型特征	宝石名称
小环双虹有重叠	8	弱黄色荧光	黄玉
小环双虹有重叠	7	无荧光	黄水晶
中环双虹有重叠	9	粉红色荧光	黄色蓝宝石
小环　双虹分离	7.5	有棕色、绿色调	黄碧玺
小环双虹有重叠	7	淡蓝色荧光	赛黄晶
大环　单虹　宽	8.5	反光强　色散明显	立方氧化锆
小—中环　单虹	5	色散明显　有气泡	稀土玻璃

附表9　绿色玉石实用鉴定提示表

绿色分布特征	结构特征	硬度	名称
团块　条带　丝絮状	翠性　交织结构	7	翡翠
均一偶见斑纹状	等粒状结构	7	澳玉
网状　网孔无色	鱼网状结构	6	马来玉
颜色均一油润	毡状结构　无翠性	6.5	软玉
云朵状内含物	絮状　粗网状结构	5.5	蛇纹石玉
色杂　棕红色调	粒状结构　无翠性	6.5	独山玉
绿色铬云母片闪光	粒状结构	7	东陵石
绿色均匀	有气泡　旋涡纹	5.5	玻璃

附表10　宝石光性折光率双折率色散一览表

宝石名称	光性	折光率	双折率	色散
合成碳硅石	非均质	2.67	0.043	0.104
合成金红石	非均质	2.78	0.287	0.330
钻石	均质	2.42	无	0.044
人造钛酸锶	均质	2.41	无	0.190
闪锌矿	均质	2.37	无	0.156
立方氧化锆	均质	2.15	无	0.060
锡石	非均质	2.05	0.097	0.071
人造钆镓榴石	均质	1.97	无	0.045
榍石	非均质	1.95	0.135	0.051
人造钇铝榴石	均质	1.83	无	0.028
锆石（高型）	非均质	1.95	0.059	0.038
红、蓝宝石	非均质	1.77	0.009	0.018
蓝锥矿	非均质	1.78	0.047	0.044
金绿宝石	非均质	1.75	0.009	0.015
塔菲石	非均质	1.72	0.005	0.019
尖晶石	均质	1.73	无	0.020
蓝晶石	非均质	1.73	0.017	0.020
翠榴石	均质	1.89	无	0.057
沙弗莱	均质	1.74	无	0.028
锰铝榴石	均质	1.81	无	0.027
铁铝榴石	均质	1.79	无	0.024
镁铝榴石	均质	1.74	无	0.022

宝石名称	光性	折光率	双折率	色散
坦桑石	非均质	1.70	0.013	0.021
透辉石	非均质	1.69	0.030	0.017
硼铝镁石	非均质	1.69	0.039	0.017
锂辉石	非均质	1.67	0.016	0.017
透视石	非均质	1.68	0.053	0.022
橄榄石	非均质	1.68	0.038	0.020
硅铍石	非均质	1.66	0.016	0.015
蓝柱石	非均质	1.66	0.020	0.016
红柱石	非均质	1.64	0.013	0.016
磷灰石	非均质	1.63	0.008	0.013
赛黄晶	非均质	1.63	0.006	0.016
碧玺	非均质	1.63	0.018	0.017
托帕石	非均质	1.62	0.010	0.014
红纹石	非均质	1.6–1.8	0.22	0.017
海蓝宝石	非均质	1.58	0.009	0.014
祖母绿	非均质	1.58	0.009	0.014
拉长石	非均质	1.56	0.009	0.012
方柱石	非均质	1.56	0.037	0.017
水晶	非均质	1.55	0.009	0.013
堇青石	非均质	1.55	0.012	0.017
日光石	非均质	1.54	0.010	0.012
天河石	非均质	1.52	0.008	0.012
月光石	非均质	1.52	0.008	0.012
方解石	非均质	1.5–1.66	0.172	0.017
萤石	均质	1.43	无	0.007
玻璃	均质	1.47–1.7	无	0.01–0.09

附表11　宝玉石密度硬度表

宝玉石名称	密度	硬度	宝玉石名称	密度	硬度
钆镓榴石	7.05	6–7	坦桑石	3.35	7
锡石	6.95	6–7	翡翠	3.34	6.5–7
立方氧化锆	5.8	8.5	橄榄石	3.34	6.5–7
人造钛酸锶	5.13	5–6	透视石	3.3	5
钇铝榴石	4.55	8	透辉石	3.29	5–6
合成金红石	4.26	6–7	合成碳硅石	3.22	9.25
红、蓝宝石	4	9	锂辉石	3.18	6–6.5
孔雀石	3.95	2.5	萤石	3.18	4
锆石	4.5	6–7.5	磷灰石	3.18	5
天青石	4.1	3–4	红柱石	3.17	7–7.5
金绿宝石	3.73	8.5	天蓝石	3.09	5–6
蓝锥矿	3.68	6–7	蓝柱石	3.08	7–8
蓝晶石	3.68	4–7	碧玺	3.06	7.5
塔菲石	3.61	8–9	赛黄晶	3	7
红纹石	3.6	3–5	和田玉	2.95	6–6.5
尖晶石	3.6	8	硅铍石	2.95	7–8
托帕石	3.53	8	独山玉	2.9	6–6.5
榍石	3.52	5.5	葡萄石	2.8–2.95	6–6.5
钻石	3.52	10	绿松石	2.76	5–6
沙弗莱	3.61	7–7.5	青金石	2.75	5–6
镁铝榴石	3.78	7–7.5	海蓝宝石	2.72	7.5–8
翠榴石	3.84	7–7.5	祖母绿	2.72	7.5–8
铁铝榴石	4.05	7–7.5	大理石	2.7	3
锰铝榴石	4.15	7–7.5	方解石	2.7	3
蔷薇辉石	3.5	6.5	拉长石	2.7	6–6.5
硼铝镁石	3.48	6–7	水晶	2.66	7

宝玉石名称	密度	硬度	宝玉石名称	密度	硬度
水钙铝榴石	3.47	7	日光石	2.65	6–6.5
石英质玉	2.66	6.5–7	火山玻璃	2.40	5–6
珍珠	2.7	2.5–4.5	欧泊	2.15	5–6
堇青石	2.61	7–7.5	硅孔雀石	2.0–2.4	2–4
方柱石	2.7	6–6.5	象牙	1.7–2.0	2–3
钠长石玉	2.63	6–6.5	煤精	1.32	2–4
月光石	2.58	6–6.5	龟甲	1.29	2–3
蛇纹石玉	2.57	2–5.5	琥珀	1.08	2–2.5
天河石	2.56	6–6.5	珊瑚（钙质）	2.65	3–4
寿山石	2.6	2–3	塑料	1.05–1.55	1–3
鱼眼石	2.40	4–5	玻璃	2.3–4.5	5–5.5
玻璃陨石	2.36	5–6			

主要参考文献

MAIN REFERENCE DOCUMENTS

1. 白洪生、陈学明《实用宝石鉴定》，上海古籍出版社，2000年。
2 张蓓莉《系统宝石学》（第二版），地质出版社，2006年。
3 张庆麟 翁臻培《名贵珠宝投资收藏手冊》（修订版），上海科学技术出版社，2008年。
4. 张庆麟《玉投资收藏手册》，上海世纪出版股份有限公司上海科学技术出版社，2008年。
5. 郭颖《珠宝》，中国文化艺术出版社，2011年。
6. 郭颖《翡翠品鉴与投资》，商务印书馆（香港）有限公司，2007年。
7. 錢云葵、王闻胜《水沫玉鉴赏与投资》，云南出版集团公司云南美术出版社，2011年。
8. 张代明、袁陈斌《玉海冰花——水沫玉鉴赏选购保养收藏》，云南出版集团公司云南科技出版社，2011年。
9. 何雪梅、沈才卿《宝石人工合成技术》，化学工业出版社，2005年。
10. 肖秀梅《琥珀 珊瑚 珍珠》，中国文化艺术出版社，2011年。
11. 崔文智《宝石品鉴与收藏》，海风出版社，2009年。
12. 陈永洁《欧泊收藏与鉴赏》，上海交通大学出版社，2012年。
13. 周国平《宝石学》，中国地质大学出版社，1990年。
14. 李兆聪《宝石鉴定法》，地质出版社，1991年。
15. 董振信《宝玉石鉴定指南》，地震出版社，1995年。
16. 董振信《天然宝石》，地质出版社，1994年。
17. 王曙《真假宝石鉴别》，地震出版社，1994年。
18. 吴端华、王春生、袁晓江《天然宝石的改善及鉴定方法》，地质出版社，1994年。
19. 王顺金《红宝石蓝宝石尖晶石与宝石商贸》，中国地质大学出版社，1995年。
20. 欧阳秋眉《如何正确鉴别翡翠B货》，《中国宝石》1994年第2 期。
21. 李兆聪《珍珠的种类和识别》，《中国宝玉石》1995年第2期。
22. 郭涛《AIGS的红、蓝宝石分级与评价》，《中国宝玉石》1995年第2期。
23. 欧阳秋眉《怎样评价红蓝宝石》，《中国宝石》1995年第2期。
24. 张天树《缅甸宝玉石》，《中国宝石》1995年第2期。
25. 柯捷《钻石的颜色分级》，《珠宝科技》1996年春，总第20期。
26. 任思明《热导仪在宝石鉴定中的应用》，《珠宝科技》1996年春，总第20期。
27. 严阵《天然祖母绿与合成祖母绿的判别》，《珠宝科技》1994年第2期。
28. 汤素仁《蓝宝石的特征与真伪鉴别》，《非金属矿》1994年第 3 期。
29. 周佩玲《翡翠的质量分级与真伪品判别》，《桂林冶金地质学院学报》1989年第1期。

30. 韦及《玉石之王-翡翠》,《金属世界》1995年第五期。
31. 田树谷《珠宝五百问》，地质出版社，1995年。
32. 李景芝、郭立鹤《如何区分天然与合成祖母绿》，《中国宝石》1995年第4期。
33. 张位《关于缅商所称的“马来西亚玉”》，《中国宝玉石》1992年第4期。
34. 莫伟基《翡翠简易鉴定法》《中国宝玉石》1992年第4 期。
35. 杨永盛《清代的顶戴和朝珠》，《珠宝科技》1994年第4期。
36. 缪承翰《翡翠!让人又爱又怕受伤害》，《中国宝玉石》1994年第2期。
37. 白洪生、陈学明《透明刻面宝石折光率、重折率和色散的简易鉴定法》，《珠宝科技》1997年第1期。
38. 杨富绪《宝石的分类》，《中国宝玉石》1991年第5期。
39. 摩傣《翡翠》，《珠宝科技》1993年第1期。
40. 摩傣《红、蓝宝石的评估与鉴别》，《珠宝科技》1992年第1期。
41. 张竹邦《翡翠的绿色及品级》，《珠宝科技》1992年第1期。
42. 叶寅生《宝石晶体中的宏观包裹体》，《中国宝玉石》1995年第3期。
43. 苏木卿《石中精灵 - 水晶》，《中国宝玉石》1995年第3 期。
44. 白洪生、陈学明《关于宝石颜色分类的讨论》，《中国宝玉石》1997年第1期。
45. 罗红宇、张建洪《红宝石与蓝宝石质量评价及其他》，《珠宝科技》1993年第4期。
46. 钟华邦《美妙的观赏水晶石》，《珠宝科技》1995年第 3 期。
47. 吴开华《宝石的鉴别艺术》，《珠宝科技》1993年第1期。
48. 李娅莉《染色石英岩——“马来西亚玉”的特性研究》，《珠宝科技》1992年第1期。
49. 王雅玫《蓝宝石的扩散及其鉴定特征》，《珠宝科技》1996年第3期。
50. 顾骏《天然和人造（合成）水晶的鉴别》，《珠宝科技》1994年第1期。
51. 余平《肉眼鉴定基础》，《珠宝科技》1994年第1期。
52. 胡学年、张乐凯《一种仿制黑珍珠的鉴定》，《珠宝科技》1996年第3期。
53. 苑执中《新型仿钻石材料合成碳化硅》，《中国宝石》1998年第2期。
54. 苑执中《合成碳化硅的最新消息》，《中国宝石》1998年第4期。
55. 贾中权《卡地亚的荣耀》，《中国宝石》1994年第2期。
56. 帅长春、薛秦芳《刚玉的铍扩散处理实验研究》，《宝石和宝石学杂志》2009年9月第11卷第3期。
57. 亓利剑、曾春光《一种体色呈蓝色的铍扩散处理蓝宝石》，《宝石和宝石学杂志》2008年3月第10卷第1期。
58. 呙敏超、韩桂荣《合成碳硅石的鉴定方法》，《岩矿测试》2003 年3月第22卷 第1期。
59. 孙主、李娅莉《俄罗斯水热法合成祖母绿的宝石学特征研究》，《宝石和宝石学杂志》2010年3月第12卷第1期。
60. 朱莉、王旭光、罗理婷《再造琥珀的宝石学鉴定特征》，《超硬材料工程》2009 年12月第21

卷第6期。
61. 李平、方竹《琥珀与仿琥珀塑料的放大检查》，《宝石和宝石学杂志》2009年12月第11卷第4期。
62. 郑艳莹《一种新型的碧玺仿制品》，《宝石和宝石学杂志》2008年3月第10卷第1期。
63. 阮青锋、邱志惠、张永华《水钙铝榴石一种翡翠相似玉的研究》，《宝石和宝石学杂志》2007年3月第9卷第1期。
64. 张向军、陈珊、汤静文、杨燕《一种新的翡翠再造品》，《宝石和宝石学杂志》2003年3月第5卷第1期。
65. 郝庆隆、沈才卿、施倪承、崔文秀《人造夜光宝石的结构研究及其发光机理——以庆隆夜光合成发光宝石为例》，《宝石和宝石学杂志》2007年3月第9卷第1期。
66. 申晓萍、李坤《两种新型白玉仿制品》，《宝石和宝石学杂志》2010年6月第12卷第2期。
67. 周树礼、刘衔宇《黑曜岩及其仿制品的对比研究》，《超硬材料工程》第22卷第3期2010年6月。
68. 陈征、李志刚、曹姝《天然玻璃与玻璃的鉴别》，《宝石和宝石学杂志》2007年3月第9卷第1期。
69. 刘丽君、施光海《合成仿绿松石的鉴别》，《宝石和宝石学杂志》2005年7月。
70. 黄德晶、尹琼《珠宝市场上新出现的石英类与石英岩类玉石》，《湖南科技学院学报》第32卷第4期2011年4月。
71. 亓利剑、黄艺兰、殷科《俄罗斯人工欧泊的特征及其变彩效应》，《宝石和宝石学杂志》第8卷第3期2006年9月。
72. 林嵩山《台湾蓝玉髓》，《宝石和宝石学杂志》第10卷第2期2008 年6月。
73. 王萍、李国昌、孙丰云、张秀英《天然水晶中常见的固态包裹体研究》，《珠宝科技》2003年第5期。

后 记

POSTSCRIPT

实用鉴定能力是珠宝玉石爱好者专业素质的体现，是对自身利益的一种保护。实用鉴定是伴随在商贸活动过程中的简易鉴定。实用鉴定不能代替专业鉴定。也可以把实用鉴定看作是在外出情况下在进行专业鉴定之前的初步鉴定。实用鉴定的结论有时需要专业鉴定的证实。当二者结论不一致时应以专业鉴定为准。

本书在编写过程中，参考了国内外同行专家、学者已发表的一些宝贵资料，也参考了“百度”网络上不少宝贵资料；本书的出版得到上海古籍出版社谷玉的大力支持和帮助；在书稿的校对过程中得到汤蕾的热情帮助，作者在此谨致以崇高敬意和衷心感谢。

由于本人水平和经验局限，文中定会有错漏和不当之处，欢迎读者批评指正。

作 者